迈向自立自强

中国科技会堂论坛

第 2 辑

中国科学技术协会 ◎ 编

中国科学技术出版社
·北 京·

图书在版编目（CIP）数据

迈向自立自强：中国科技会堂论坛. 第 2 辑 / 中国科学技术协会编. -- 北京：中国科学技术出版社，2024.1

ISBN 978-7-5236-0593-6

Ⅰ.①迈… Ⅱ.①中… Ⅲ.①科学—素质教育—干部教育—中国—学习参考资料 Ⅳ.① G322

中国国家版本馆 CIP 数据核字（2024）第 066589 号

策划编辑	王晓义
责任编辑	徐君慧
封面设计	中文天地　王邵妍
正文设计	中文天地
责任校对	邓雪梅
责任印制	徐　飞

出　　版	中国科学技术出版社
发　　行	中国科学技术出版社有限公司
地　　址	北京市海淀区中关村南大街 16 号
邮　　编	100081
发行电话	010-62173865
传　　真	010-62173081
网　　址	http://www.cspbooks.com.cn

开　　本	710mm×1000mm　1/16
字　　数	229 千字
印　　张	17.75
版　　次	2024 年 1 月第 1 版
印　　次	2024 年 1 月第 1 次印刷
印　　刷	北京瑞禾彩色印刷有限公司
书　　号	ISBN 978-7-5236-0593-6 / G·1042
定　　价	48.00 元

（凡购买本社图书，如有缺页、倒页、脱页者，本社销售中心负责调换）

编委会

主　任　贺军科

副主任　束　为　王进展

成　员　李坤平　郑　凯　邓　芳
　　　　　周大亚　王书瑞　张　斌

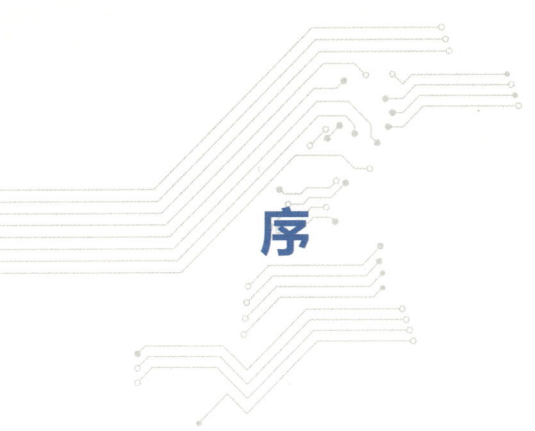

序

创新引领发展　科技制胜未来

科技是国家强盛之基，创新是民族进步之魂。近代科学诞生以来，先后发生的五次科技革命，对人类社会发展进程产生了深远的、革命性的影响，从根本上改变了全球政治经济格局。当前，百年未有之大变局加速演进，科技创新已成为关键变量，谁能抓住战略机遇，谁就能站在世界发展潮头，掌握发展主动权。

我们身处一个变动不居的世界，随着新一轮科技革命和产业变革深入推进，这种迁变的速度与幅度，更是倍于过往。ChatGPT 横空出世，如火如荼的人工智能，加上融合虚拟与现实的元宇宙，正在让人类重新评估未来。从脑机接口到低碳能源，从低空智联网到卫星互联网，"科技制高点"之争不仅需要在科技上的突破，更需要在全球化格局中共同探寻。仰望星空、躬耕大地、探微解密……面对日新月异的科技创新，怎样才能更深刻地认识和理解？其中会有怎样的发展机遇，甚或化解危机？它又会给人类文明带来哪些新的审视？

风起于青萍之末，不变的永远是变化本身，唯有见微知著，了解把握科技发展大势，方可从容立于变化之间。

中国科协是党和政府联系科技工作者的桥梁和纽带，肩负着为科技工作者服务、为创新驱动发展服务、为提高全民科学素质服务、为党和政府科学决策服务的重大职责使命。中国科协聚焦全球科技前沿和新一轮产业变革热点，坚持"四个面向"，突出前沿性、引领性、开放性，持续举办中国科技会堂论坛，着力搭建顶尖科学家与领导干部的交流平台。论坛邀请战略科学家和产学研代表，开展高质量、有深度的闭门交流，话题丰富、视野广博，着力展现各科技领域的发展重点、潜力与痛点，助力领导干部提升科学素养、科学思维和科学决策水平，深入推进高质量发展。

2019年，中国科技会堂论坛因时因势推出，四载春秋，已举办了31期，并已出版丛书第1辑。我们赓续前行，继续编撰出版丛书第2辑，希望让论坛成果惠及更多领导干部和社会公众。本书编撰过程中，承蒙多位专家精心校改与严格把关，正是他们的鼎力相助，保证了内容的前沿性、准确性与权威性，在此且表衷心感谢。

以博学慎思探索世界，以科技创新推动进步。在丛书第2辑中，我们秉承一贯的科学精神，追求客观理性的姿态，惟愿读者在打开视野的同时，期许能提供一些有价值的参考，从中把握科技发展脉搏、感受科学魅力。

创新引领发展，科技制胜未来。让我们携手努力，砥砺奋进，共同迈向高水平科技自立自强！

中国科协党组书记、分管日常工作副主席、书记处第一书记
贺军科
2024年1月

目录 CONTENTS

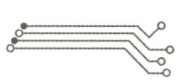

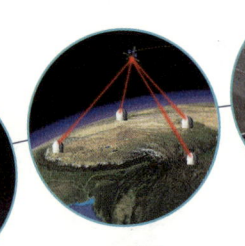

中国科技会堂论坛第十二期
核——国家安全的基石　主讲嘉宾：王寿君　罗琦 /1

中国科技会堂论坛第十三期
世界科技前沿发展态势与高水平科技自立自强　主讲嘉宾：白春礼 /23

中国科技会堂论坛第十五期
脑机接口与脑机智能　主讲嘉宾：赵继宗　吴朝晖 /57

中国科技会堂论坛第十六期
卫星互联网——守护平安中国　主讲嘉宾：尹浩 /79

中国科技会堂论坛第十七期
低空智联网——无人机产业的基石　主讲嘉宾：樊邦奎 /103

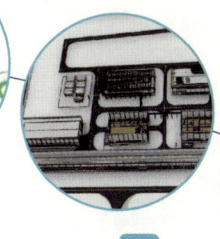

中国科技会堂论坛第十八期　主讲嘉宾：欧阳明高　郭剑波

智慧能源：储能技术与能源互联网 /127

中国科技会堂论坛第十九期　主讲嘉宾：张　平　丁刚毅

元宇宙：未来的数字化世界 /167

中国科技会堂论坛第二十期　主讲嘉宾：詹文龙

核医学新进展：肿瘤诊疗的前瞻探索 /203

中国科技会堂论坛第二十一期　主讲嘉宾：曹湘洪

绿色氢能与全球低碳转型 /231

中国科技会堂论坛第二十二期　主讲嘉宾：鄂维南

人工智能与机器学习：从ChatGPT谈起 /259

中国科技会堂论坛第十二期
核——国家安全的基石

导读

1945年8月，原子弹在日本广岛和长崎爆炸。原子弹以强大的杀伤力和威慑力震惊了世界。核力量也从此成为大国竞争的战略必争领域。

1955年1月15日，在中南海召开的一次绝密会议上，中国作出了建立和发展原子能事业的战略决策。依靠自主创新，自1964年起短短六年间，中国实现了原子弹、氢弹、核潜艇的成功研发，从此确立了核大国地位，并以有限的45次核试验，跻身世界核武器科学技术先进行列。与此同时，这也促进了我国核工业技术的发展，为保军转民打下良好基础。今天，从核电建设到核技术应用，再到"华龙一号"走出国门，核工业在保障国家安全中起到了重要作用。

纵观全球，从陆海空三基的核威慑技术，到对核能源、核动力、核技术的探索，核当之无愧是国家安全的基石。为了维护国家安全，我国应该如何发展自己的核技术，才能在未来竞争中立于不败之地？

主讲嘉宾

王寿君

中国核学会理事长、党委书记，第十三届全国政协常委，中核集团原党组书记、董事长。长期从事核工程、核电工程等领域研究与管理工作。曾获国家科技进步奖一等奖、国防科学技术奖一等奖等奖项。

罗 琦

中国工程院院士，中核集团总工程师、科技委主任，第十四届全国人大常委。长期从事核动力反应堆设计研发，担任多个项目总设计师，提出先进反应堆技术方法，带领团队完成我国核反应堆攻关。

互动嘉宾

赵 军 中国核学会副理事长。长期从事核、航天等领域科研、试验和能力建设工作，担任任务专家组组长、总设计师。

郭承站 全国核安全标准化技术委员会主任委员，国家核安全局原副局长。长期从事生态环境保护和核安全工作。

主讲报告

大力弘扬"两弹一星"精神
加快我国由核大国向核强国跨越

主讲嘉宾　王寿君

"两弹一星"精神及核工业精神

在核工业领域,"两弹一艇"一般指原子弹、氢弹、核潜艇。"两弹一星"是由国防科学技术工业委员会定名,指的是核弹(原子弹和氢弹)、导弹、人造卫星。"两弹一星"精神的内容是指热爱祖国、无私奉献、自力更生、艰苦奋斗、大力协同、勇于攀登。作为中华人民共和国最初几十年科技实力发展的标志性事件,"两弹一星"常常被用于泛指中国近代科技、军事等领域独立自主、团结协作、创新发展的成果。"两弹一星"精神则凝聚着科技工作者报效祖国的满腔热血和赤胆忠心,反映出他们坚定的理想、信念和崇高境界,是新时代推动我国社会主义建设不断发展的强大精神力量。

"四个一切"核工业精神是指:事业高于一切,责任重于一切,严细融入一切,进取成就一切。"四个一切"核工业精神集中体现了核工业人的爱国情怀、社会责任与创新精神,形成于核工业第一次创业,发展于第二次创业,在新时期又将新的理念融入其中。"四个一切"核工业精神集中反映了"高科技战略产业"的两条文化主线:一条是核军工文化,就是以强军报国为己任,以兴核强国为追求;另一条是以尖端科学为基础的理工文化,即以严格、细致、准确为行为的准则,表现出高度科学性、严密性、精确性。

在传承弘扬"两弹一星"精神及"四个一切"的核工业精神基础上,核工业又提炼出新时代核工业精神——"强核报国,创新奉献"。新时代核工业精神集中表达了"爱党、爱国、爱核工业"三位一体的情怀,也表现出核工业人大力协同、不畏挫折、敢为人先的创新精神,是核工业永恒的精神财富,也是核工业日趋发展的强大动力。

我国核工业的发展历程

中华人民共和国成立初期,我国就开始发展核科学技术,核工业创建日是 1955 年 1 月 15 日。我国核工业在创业征途中既创造了举世瞩目的成就,也积淀了丰厚的文化底蕴和精神财富。

大体上,中国的核工业发展分为以下三个时期,如图 1 所示。

图 1　中国核工业发展历程

第一个发展时期是指从 20 世纪 50 年代初至 80 年代初的 30 年。在这个时期,老一辈核工业人以军为主、大力协同、艰苦创业,建立起较为完善的核科技工业体系,铸就了"两弹一艇"的惊世伟业。

1950 年 5 月 19 日,中华人民共和国第一个核研究机构——中国科学院近代物理研究所成立,之后更名为中国科学院原子能研究所、中国原子能科学研究院。因此,中国原子能科学研究院也被称为核工业的"老母鸡"。与此同时,大量核工业地质工作者在全国找矿。1954 年 10

月，在广西壮族自治区富钟县，核工业地质工作者采集到我国第一块铀矿石。1955年1月15日，毛泽东主席亲自主持中央书记处扩大会议，作出了建立和发展我国原子能事业的战略决策。中国发展原子能建立核工业的历史就此开始。

1958年9月27日，中国第一座实验性重水反应堆和第一台回旋加速器（简称"一堆一器"）正式交付生产，标志着我国已跨进原子能时代。1958年5月31日，时任中共中央总书记、国务院副总理邓小平同志批准了"五厂三矿"的选点方案，标志着核工业生产布局的开始。

这些工厂都建在人烟稀少、人迹荒凉之处，条件特别艰苦。中华人民共和国成立初期，外有帝国主义的严密封锁和苏联撕毁合同造成的巨大困难，内有三年困难时期的严重干扰，但中国人依靠自己的智慧和力量，攻克了一个又一个难关，初步建立了以"五厂三矿"为主体的独立的核工业体系。中国用了不到15年的时间，终于在20世纪70年代初成为世界上少数几个拥有完整核工业体系的国家之一。

在核工业建设一开始，党中央就明确了"自力更生为主，争取外援为辅"的方针。1960年8月，苏联撤走全部在华专家，停止对华核工业援助，单方面撕毁合约。尽管如此，中国核工业发展不仅没有停滞，而且速度很快。

1964年10月16日，我国第一颗原子弹爆炸成功，实现了核武器从无到有的历史性跨越。从此跻身有核武器国家行列。1967年6月17日，中国成功地爆炸第一颗氢弹，先于法国成为世界上第4个拥有氢弹的国家。从第一颗原子弹爆炸到第一颗氢弹爆炸，美国用了7年零3个月，英国用了4年零7个月，苏联用了6年零3个月，法国用了8年零6个月，而中国仅仅用了2年零8个月。

1970年7月30日，我国第一座潜艇动力装置陆上模式堆达到满功率。1970年12月，我国自主建造的第一艘核潜艇安全下水，标志着我国已经掌握了核动力技术，是我国核工业发展的又一突出的重大成就。核工业的第一次创业，实现了决定中国命运的"两弹一艇"强国梦。这离不开当时全国各地各条战线对核工业的支持。

在这个时期，"三线建设"也是非常重要的阶段。为了增强国防实力，我国亟须调整核工业战略布局。鉴于这一背景，1964年起，党中央决定建设第二套完整的国防工业和重工业体系，加快三线建设成为1964年原子弹首爆以后的一项紧迫任务。三线建设的过程很苦，并不比"五厂三矿"建设时期好多少。核工业第二次创业在三线地区，起初核工业人都住在农民房。后来，"先生产后生活"的口号提出，核工业人才开始住竹笆房，这种房子冬冷夏热。就是在这样艰苦的条件下，我们走过了"两弹一艇"的第一阶段，向国家交上了一份合格的答卷。三线建设不仅新建了核燃料生产厂、生产堆和核武器研制基地，而且新建了核潜艇陆上模式堆、高通量工程试验堆，以及研究受控磁约束聚变的装置——中国环流器一号，形成了新的核科学技术研究基地。

核工业的第二个发展时期，即20世纪80年代初到2015年。这一时期的重要特点是保军转民，大力发展核电和核技术应用。1970年2月8日，周恩来总理在听取上海缺电情况的汇报时说："从长远看，要解决上海和华东用电问题，要靠核电……二机部不能光是'爆炸部'，要和平利用核能，搞核电站。"但由于当时我国技术全靠自主研发，耗费了大量时间。直到1985年，我国自行设计、建造和运营管理的第一座核电站——秦山核电站才破土动工。1982年5月4日，第二机械工业部（二机部）改名为核工业部。这个变化为贯彻"保军转民"方针、发展核电和推广核技术应用提供了更有利的条件，成为核工业第二次创业的重要标志。1991年12月15日，秦山核电站并网发电，结束了中国大陆无核电的历史，实现了零的突破，成为中国军转民、和平利用核能的典范。中国也成为继美国、英国、法国、苏联、加拿大、瑞典之后世界上第 7 个能够自行设计、建造核电站的国家。紧接着，我国又建成大亚湾核电站，开启了适度发展核电的时代，而真正加快发展核电，则是在 2000 年以后。那时沿海地区发展迅速，面临巨大的用能需求，能源紧缺的问题严峻，因此核电站都建设在海边。那时的中国，还没有智能电网、特高压等技术，输送电成本很高，而核电站的建设则解决了沿海的用能问题。

这一时期，我国已建立起比较完整的核科技工业体系。核工业从找矿、开采、冶炼到制造成核燃料元件，再到乏燃料后处理，是一个循环的产业链。世界上只有中国、美国、俄罗斯、法国少数几个国家具有完整的核工业体系。基于核电的大力发展，我国在乏燃料后处理方面也加快步伐，成为世界仅有的几个掌握该技术的国家之一，这对于实现核燃料闭式循环和核工业可持续发展具有重要意义。

我国同时还掌握了中子弹和核武器小型化技术，成为世界上具有重要影响的核大国。中国以有限的 45 次核试验，实现了原子弹、氢弹、中子弹、核武器小型化等一系列里程碑式的大跨度发展，在核武器科学技术领域跻身世界先进行列。

但我们也要认识到，当前，我国战略核力量与美国、俄罗斯相比，仍然存在较大差距。美国、俄罗斯约占有全球核力量的 95%；核潜艇方面，美国、俄罗斯占比超过 70%；核航母方面，美国、俄罗斯占比超过 90%。

在第二个核工业发展时期，我国完整核科技工业体系得到逐步完善，具备了规模化创新发展的基础。

2015 年以后，我国进入核工业发展的新时代。2015 年，习近平总书记对核工业创立 60 周年作出重要指示："60 年来，几代核工业人艰苦创业、开拓创新，推动我国核工业从无到有、从小到大，取得了世人瞩目的成就，为国家安全和经济建设作出了突出贡献。核工业是高科技战略产业，是国家安全重要基石。要坚持安全发展、创新发展，坚持和平利用核能，全面提升核工业的核心竞争力，续写我国核工业新的辉煌篇章。"习近平总书记的重要指示，确立了核工业发展新的指导思想，开启了核工业发展的新时代。在这个时期，我国要实现核大国向核强国的转变，确保国家战略核安全，将核能发展成非化石能源中的主力能源，助推创新型国家建设，实施核产业链"走出去"的国家战略。

现在，核工业迎来了自"两弹一艇"以来最重要的发展机遇期。2021 年，第四代核电站高温气冷堆示范工程正式装料。截至 2022 年 6 月，我国在运核电机组 54 台，在建核电机组 23 台。当前，我国能源需求量巨大，在化石能源对外依存度不断加重、碳达峰碳中和目标势在必行的背景下，核能是实现"双碳"目标、保障能源安全、保护生态环境的必然选择。数据显示，2020 年我国核能发电量占比仅为 4.94%，远低于世界平均水平（10.35%，2019 年）。

世界主要核大国核工业发展态势

当前世界上合法拥有核武器的国家包括中国、美国、俄罗斯、英国、法国，均是联合国安全理事会常任理事国，同时也是核大国，可以在目前国际法框架下研制发展本国的核武库。当前，国际核态势日益复杂多变，美国、俄罗斯始终在努力确保其核技术、核实力相对其他国家的绝对优势。总体上，全球核武器的质量得到进一步提升，其中，美国、俄罗斯两国仍是全球核力量第一阵营国家。

根据斯德哥尔摩国际和平研究所数据，截至 2020 年，美国、俄罗斯核弹头数量分别为5800个和6375个，占全球的90%。他们延续了近年来对核武器装备和力量进行现代化的总体发展态势，斥巨资发展新一代核打击力量，以进一步增强核威慑的有效性。

在核态势方面，美国、俄罗斯情况如下。

最新统计数据显示，美国可投射核弹头库存约为3800枚，实战部署的核弹头约为1750枚。新一代运载工具持续开发中。下一代远程轰炸机计划于21世纪20年代中期服役；下一代洲际弹道导弹计划将于2028年取代"民兵-3"；下一代弹道导弹核潜艇计划将于2031年开始服役；下一代潜射弹道导弹将于2040年取代海军现役潜射弹道导弹。由此可见，美国已构建了由陆海空基核弹头及运载系统组成的"三位一体"核力量。

俄罗斯采取"以核制常"战略来应对美国及其盟友的全面压力，将发展战略核力量作为国家军备计划的重中之重。在2018年的国情咨文中，普京总统提出6种最新武器装备，其中有4种与核相关，包括2种核动力型号。据最新统计数据，俄罗斯可投射核弹头库存约为4350枚核弹头，实战部署的核弹头约为1600枚。下一代轰炸机按计划于2023年开始生产；可携带"可操控弹头"的新型洲际弹道导弹正在研发中；"北风之神"级弹道导弹核潜艇建造计划也即将进入尾声；第五代多用途核潜艇"哈斯基"级将装备高超声速巡航导弹，首艇将于2027年建成下水。俄罗斯继承了苏联几乎全部的核力量，具备"三位一体"的核打击能力，拥有型号繁杂的核武器系统。

在核军备控制方面，有两项条约需重点关注：第一，《全面禁止核试验条约》(CTBT)是一项旨在促进全面防止核武器扩散、促进核裁军进程，从而增进国际和平与安全的条约。1996年9月10日，第五十届联合国大会正式认可《全面禁止核试验条约》文本。截至2010年4月，共有182国签署该条约。因《全面禁止核试验条约》所列44国中有美国、中国等多个有核国家尚未批准该条约,《全面禁止核试验条约》尚未生效。第二,《裂变材料禁产条约》(FMCT)。该条约禁止各国再生产任何用于核武器或其他爆炸装置的裂变材料,有利于防止核武器扩散,促进核裁军。

我国的战略核政策是:中国始终奉行不首先使用核武器的政策,坚持自卫防御的核战略,无条件不对无核武器国家和无核武器区使用或威胁使用核武器。

在发展核能方面,目前,我国核电站主要分布在沿海地区。我个人认为,在"双碳"目标的执行过程中,可以适时在内陆地区建设核电站。目前,煤价不断上涨,核能在成本上具有相当的竞争优势。

我国在先进核能技术方面的代表性成就是"华龙一号"。"华龙一号"是我国在30余年核电科研、设计、制造、建设和运行经验的基础上,根据福岛核事故经验反馈以及我国和全球最新安全要求研发的先进百万千瓦级压水堆核电技术,具有完全自主知识产权,是中国核电"走出去"的国家名片。"华龙一号"全球首堆——福清核电5号机组已于2021年1月30日商运,标志着我国核电技术水平已经跻身世界前列。

我国核电发展的战略选择为"三步走"战略,即热堆、快堆、聚变堆。快堆可使铀资源利用率提高至60%以上,也可使核废料产生量得到最大限度的降低,实现放射性废物最小化,具有固有安全性。聚变堆资源无限,零排放,放射性废物量极少,具有固有安全性。如果实现这一目标,可以一劳永逸地解决人类社会能源问题和环境问题。

核燃料循环,是指核动力反应堆供应燃料和其后的所有处理和处置过程的各个环节,包含地质勘探、开采冶炼、纯化转化、铀浓缩、燃料制造、反应堆、乏燃料运输、后处理、废物处理与处置等环节。我国坚持核燃料闭式循环发展路径。目前，我国已经形成了完整的、自主的核燃料循环体系。

核技术应用具有高度的渗透性和很强的产业关联性，其发展可带动国民经济的持续增长和社会进步。在我国，以安全检测、医疗检查、放射治疗、辐射应用等为代表的核技术应用为国民经济的发展和人民生活水平的改善作出了越来越大的贡献。据统计，国民生产总值中核技术应用产业的贡献美国为 4%~5%，日本和欧洲国家为 2%~3%，而我国仅为 0.4%。我国核技术应用产业产值规模超过 3000 亿元，目前处于快速增长期，未来发展空间巨大。

我国由核大国向核强国跨越的若干思考

我国在从核大国向核强国跨越的过程中，需关注几个热点问题。

第一，核安全。国际上将核事故依严重程度分为 7 个等级，我国从未发生 2 级及以上核事故。我国核电站建设采用世界最高安全标准，厂址条件好，使用成熟技术，具有后发优势，不会出现如三哩岛核事故、切尔诺贝利核事故、福岛核事故等类似问题。

第二，核反恐。近年来，随着核能的迅速发展，核安全问题与防范核恐怖主义成为国际社会着重攻克的一大难题。我国国家领导人曾连续四次出席旨在倡导核安全和打击防范核恐怖主义的核安全峰会。

2014 年的海牙核安全峰会上，习近平主席全面完整阐述了中国核安全观，强调四个并重（图 2），具有全局性、战略性、持久性，对深入推进国际核安全合作具有深远意义。在 2016 年的华盛顿核安全峰会上，习近平主席再次发表题为《加强国际核安全体系 推进全球核安全治理》的重要讲话，围绕构建公平、合作、共赢的国际核安全体系，全面阐述中国的政策主张。中国核安全观为国际社会提供了一种基本的价

图 2　中国核安全观的核心内涵

值观参照,是我国核工业发展遵循的方向。

第三,核废料管理。当前,世界各国采取了不同的核燃料循环策略,我国坚持乏燃料的闭式循环,即对乏燃料中所含的大部分有用核燃料通过后处理进行分离回收以循环利用,核燃料可多次通过核电站;同时把次锕系元素和裂变产物等长寿命高放射性的核废料进行地质贮存。

第四,"邻避效应"是国内外普遍面临的社会治理难题。日本福岛核事故后,随着核电发展重启,公众对于涉核事件的敏感度有所提升,我国核能发展进入"邻避事件"多发期。公众对核能开发利用是否有正确客观的认知及持何种态度,是我国核能发展的重要社会基础。"邻避效应"问题是维护社会稳定、维护核能健康安全发展、预防涉核事故发生、核项目实施的重大挑战。

在主要经济体中,我国的核工业舆论环境偏差。美国历任总统、参议两院和政治精英历来拥护发展核力量。俄罗斯继承了苏联70%的战略核力量,核威慑是俄罗斯安全战略的支柱,坚定不移发展核力量是俄罗斯最重大的战略目标。另外,法国将核工业视为能源和生态、经济和工业等的未来;英国强调核力量是强国战略的支柱、核心、基石;日本坚持拥有大量的工业钚；印度、巴基斯坦、朝鲜、以色列、伊朗、巴西、阿根廷、南非、沙特等国无不把拥核作为其崛起争雄的重要手段。而我国全民核意识相对淡薄，不少人认为核是大国竞争和冲突的历史遗物，核能公众接受度持续低迷，部分媒体涉核报道不客观，少数学者公开反核，更有甚者丑化核、污蔑核。这是我国核工业发展面临的重大挑战。

对此，我有以下思考和建议。

第一，强化安全基石，体现国家意志。履行核工业强军首责，筑牢国家安全基石；核事业关系国家最高利益必须体现国家意志；建设与我国经济地位、国际地位相称，与国家安全和发展相适应的核强国；旗帜鲜明地开展涉核正面舆论引导，营造"全民知核、爱核拥核"的良好局面。

第二，尽快实现核领域顶层立法。核能是关系国家安全和国民经济发展的战略产业，是军民融合的重要领域。目前，有关我国核能事业发展的基本方针、基本政策、管理体制、国际合作等重要问题都还没有相应的法律依据。随着我国法律体系的建立完善，制定一部在核能开发利用活动中起基础作用的原子能法，显得尤为重要。

第三，提升国际话语权和影响力。积极参与伊朗核问题、朝鲜核问题等重点国际核事务治理，主动参与和引导核领域国际规则和标准的制定。践行或推进《不扩散核武器条约》（NPT）、CTBT、FMCT条约的实施、生效，做核大国担当者。

第四，进一步完善核工业管理体制。建议在党中央层面设立我国核工业的集中统一领导机构，类似20世纪60年代的中央十五人专门委员会，全面负责领导我国核工业改革发展和战略核力量建设与布局，充分发挥社会主义集中力量办大事的制度优势。

第五，打造民族品牌，全面提升国际市场竞争力。几十年来，核工业产业体制不断调整，激发了企业活力。随着形势变化，核工业产业从国内竞争转向国际竞争，当今的主要竞争对手是国际核巨头。然而，我国创新资源分散、重复建设、走出去无序竞争等问题越发突出，影响国际市场竞争力，阻碍核工业健康发展。为此，亟须深化核工业体制改革，全面提升核工业核心竞争力。

主讲报告

发展特种核动力　筑牢国家安全基石

主讲嘉宾　罗　琦

特种核动力装置是指深海核动力、陆地核电源、导弹核动力、飞机核动力、空间核电源及火箭核动力等承担特殊使命任务的小型核动力装置。与传统舰艇核动力装置相比，特种核动力装置的尺寸更为小型紧凑，应用形式更为灵活多样。特种核动力装置的发展对于提升先进武器装备效能、改变未来战争模式、铸造非对称战略优势具有极为重要的军事价值，是集颠覆性和前瞻性技术为一体的国际战略热点。

当今世界正在经历百年未有之大变局，国际政治格局深刻变化、科技进步日新月异，世界新军事变革的步伐正逐步加速，"海、陆、空、天"全域多维协同作战样式已成为未来发展的大势所趋。特种核动力装置因功率密度大、续航能力强、不需要助燃剂、适应性强等优点，成为"海、陆、空、天"全域多维装置能源供给的极优异选项。在可见的未来，"海、陆、空、天"等领域的新型核动力武器装备将逐一登场，有望成为主导未来战争模式与形态、重塑未来战场新规则的重要核心力量。

国际特种核动力发展形势

目前，世界上真正开展特种核动力体系研发且具备研发能力的国家仅美国、俄罗斯两国。历经70余年的发展，美国、俄罗斯在"海、陆、空、天"四大领域研制装备了50余件特种核动力武器装备（表1），为军事核力量的世界领先以及核强国地位的巩固奠定了坚实的基础。

未来国际特种核动力的发展形势可概括为以下四点。

表 1　美国、俄罗斯特种核动力装备研制应用情况

		美国	俄罗斯
海	深海	√	√
	鱼雷/UUV		√（计划装备）
	同位素电源	√	√
陆	陆基核电源	○	○
空	巡航导弹	○	√（计划装备）
	飞机	○	○
天	同位素电源	√	√
	反应堆电源	√	√
	火箭	○	○

注：√表示已形成装备，○表示已研发但未装备。

第一，美国、俄罗斯始终坚定不移地将特种核动力作为国家战略重点，高度重视并持续强力推动研发。自 20 世纪 50 年代以来，在国家顶层决策引领下，围绕深海情报搜集、深空探测、基地与武器供能、新型战略武器等重大装备发展需求，美国、俄罗斯一直持续进行专项投入，研发并应用多类武器装备，为其军事核力量的全面领先及广域多维发展奠定了良好的基础。美国通过"核推进计划"支持开展特种核动力技术研发，总投入上千亿美元，建成 I 型深海核动力（可用于水下情报搜集等，具体用途不详）、7 座陆地小型核电源（用于南极、北极军事基地及空军雷达基地供电供热等）、1 枚空间核反应堆电源（用于小型军事卫星），研制了飞机核动力、导弹核动力、火箭核动力地面样机。俄罗斯通过国家计划，全面开展了"海、陆、空、天"等领域特种核动力技术与装备研发，先后研制装备了 3 型 7 艘深海核动力潜艇（可用于设施布设与破坏等，具体用途不详）、II 型 3 座陆地可移动核电源（用于战略导弹阵地机动供电等）、III 型 35 座空间核反应堆电源（用于小型军事

卫星）。俄罗斯研发的装备型号与数量最多，应用领域最广。

第二，继续将特种核动力"海、陆、空、天"全域发展作为推动先进装备革新的重要手段，加速推进。近年来，随着国际核态势日益复杂多变与军事对抗形势日趋严峻，加快新兴技术与先进核动力的深度融合，刺激新一轮的军事装备技术革新，推动武器效能的跨越提升，成为美国、俄罗斯的发展共识。美国已将特种核动力作为应对新领域军事挑战、巩固传统军事地位的重要抓手，结合当前抢夺极端边界（深海、深空）战略空间主动权以及保障海外基地机动稳定能源供应的紧迫需要，进一步加强特种核动力创新研发，提出新一代深海核动力研发计划（NR-2，高度保密，信息不详），推动空间核动力技术型谱发展，启动"贝利计划"（加快兆瓦级可移动核电源研发）。俄罗斯为谋求与美国保持战略均势，高度重视特种核动力对提升装备效能的革新作用，大胆创新，不走寻常路，研发了"波塞冬"核动力无人潜航器与"海燕"核动力巡航导弹，通过特种核动力与核武器的"强强联手"，可实现使美国全球导弹防御体系归零的效果，铸造对美"不对称"战略制衡手段，引发各国高度关注。

第三，特种核动力以核领域国家实验室为依托，以基础研究为核心，高效发展。作为军用核动力的前沿技术领域，特种核动力不仅技术新，而且要求高，其发展需要依赖核科学相关领域的原始创新和理论突破。美国、俄罗斯历来高度重视科技基础与前沿创新能力对特种核动力发展的核心支撑作用。美国依靠阿贡、爱达荷、洛斯阿拉莫斯、橡树岭、劳伦斯等17家国家实验室，持续夯实核领域科技基础。通过全能谱中子特性、耐高温耐辐照燃料材料、多工质理化与流动换热特性、先进系统设备研制、数字设计与仿真、地面非核与带核综合试验等基础技术的创新攻关，全面支撑特种核动力技术突破与装备应用。苏联/俄罗斯依托阿夫里坎托夫机械制造局、物理与动力工程研究院、库尔恰托夫研究院、白俄罗斯国家研究院、多列扎利动力技术设计研究院分别承担各领域特种核动力基础技术研发、专用设备研制、装置建造与试验、后期运行与保障维护等研究，涵盖设计、研制与运行维保等全流程，实现多反应堆堆型、多技术型号、多装备的研制应用。

第四，特种核动力以其技术的颠覆性、前瞻性，成为带动科技工业协同发展的重要引擎。核动力是高科技密集战略性国防科技工业的重要组成，是极为艰深的复杂巨系统工程，其发展与科技工业的整体发展密不可分，也同其他学科的理论探索和技术进步具有相互促进的内在联系，这一点在特种核动力上尤为凸显。特种核动力需满足"小型轻量化、高可靠安全、自主无人化、运行参数高"等高性能要求，带来一系列诸如耐辐照超高温（>1000℃）特种材料、复杂多样的工质流体（超高温气、超临界流体、液态金属）、巨系统的智能控制实现等世界性科技难题，远超传统工业覆盖学科认知范围。美国、俄罗斯通过特种核动力研究，除了在核反应堆物理、热工、结构、系统、机电等领域取得重大突破，还结合材料温度极限提升（2000~3000℃）、控制无人化、能量转换系统的高效化以及核级设备复杂构型的智能制造等，显著带动了材料科学、控制理论、高端制造、能源科技以及数据科学的发展，大胆挺进科技发展"无人区"。

我国特种核动力发展存在的主要问题

第一，我国特种核动力领域发展起步晚、长效支持机制有待进一步完善。

第二，我国特种核动力研发多头分散布局，难以形成创新攻关的合力。

第三，我国核动力领域学科交叉融合深度不够，高水平人才队伍相对缺乏。特种核动力需要依托多学科联合、跨越发展，涉及物理、化学、材料、力学、热工、安全、控制、能量转换、人工智能、数学模型、软件等众多学科，专业人才缺口较大。同时，目前我国涉核高校数量较少，学科发展不平衡，高质量生源数量较少，总体呈波动状态。与美国在核领域的教育发展与人才激励的系统性布局相比，存在明显差距。此外，特种核动力技术新且难度大、科技攻关体系不完善、发展瓶颈多，对科研人才队伍的素质提出了更高要求，尤其迫切需要能够大胆创新、引领前沿快速发展的领军人才。

我国特种核动力发展建议

对我国特种核动力的未来发展，我提出以下几点建议。

第一，设立特种核动力国家重大专项。建议在《国家中长期科技发展规划纲要（2021—2035）》中设立特种核动力重大专项，针对不同应用需求，坚持多路线并举，全面开展特种核动力技术创新研发。针对海、陆、空、天等多种需求，开展对不同反应堆的研究，坚持自主创新，勇闯"无人区"。

第二，依托核工业科技创新体系，组建特种核动力的国家级实验室。发挥我国集中力量办大事的体制优势，统筹优势资源力量，强化战略核科技建设，探索出"核心牵引、群策群力、优势互补"的高效管理新思路，强化传统学科与新兴学科融合。以国家级实验室为核心，加强前沿共性基础技术攻关，支撑特种核动力快速发展，实现弯道超车。

第三，建立健全多学科联合的人才培养与使用体制机制。建议将特种核动力所需的新理论、新材料、新工艺纳入国家强基计划中，依托学科联合与相互促进，推动技术跨越发展；建立健全与特种核动力创新发展同频共振的人才培育和使用体制机制，培养一批从事特种核动力基础研究的专业齐备、梯次合理、老中青结合的科技人才队伍；完善激励、配套政策，建设引领特种核动力技术前沿的领军人才队伍。

互动环节

问题一：有说法称，美国核弹数量多，但大部分都过期了，事实真是如此吗？

答：美国核武库有很多核弹头，按照原来的计划确实已经过期，但是美国制订了一个"库存管理计划"。该计划的核心有两点：第一，核弹头延寿。在原有核试验基础上，基于科学的手段对它进行一些研究，使它延寿。因此，目前在库、在役的核弹头都是可以使用的。第二，技术的不断进步。美国在原有核试验的基础上，同时也在进行核武器、核弹头的现代化等工作。

问题二：有说法称，中国要应对可能的核威胁，核武器需要扩大到 1000 枚。怎么看待这种说法？

答：核弹头的数量和规模是衡量一个国家核力量的重要因素，但并非全部。因此这个看法不够全面。衡量一个国家的核威慑力或核作战能力，要看武器的生存效能、投送距离、对目标的打击精度，针对不同目标的作战方式，国家对这一类战略武器的防御能力，还有"三位一体"核力量，以及核指挥控制与通信系统之间协调作战能力、作战模式的设计和重组能力。

一个国家的核威慑力主要靠什么？现在看来主要是靠提高质量、性能和综合能力。我国在这个问题上态度是非常坚定的。《新时代的中国国防》白皮书在提到中国国防战略指导时写道：坚持防御、自卫、后发制人原则，实行积极防御，坚持"人不犯我、我不犯人，人若犯我、我必犯人"。"两个强调"，强调遏制战争与打赢战争相统一，强调战略上防御与战役战斗上进攻相统一。"两个坚持""两个强调"，这就是我国的战略军事方针。"中国始终奉行在任何时候和任何情况下都不首先使用核武器，无条件不对无核武器国家和无核武器区使用或威胁使用核武器的核政策"，这是中国的核政策，不首先使用，主张最终全面禁止和销毁核武器，不会与任何国家进行核军备竞赛。有说法称中国要搞1000枚核弹头，那是美国向全世界宣扬中国威胁论的一个伎俩，中国从来没有这样说过，规模不是我们衡量国家核力量的唯一因素。中国始终把自身核力量维持在国家安全需要的最低水平，重在提高性能、质量和综合能力，中国坚持自卫防御核战略，目的是遏制他国对中国使用或威胁使用核武器，确保国家的战略安全。

问题三：随着"双碳"目标持续推进，核能成为备受关注的话题。未来中国核电技术会有怎样的发展？

答： 目前，中国在三代核电技术领域跻身世界前列，在其他几个典型指标上，如安全指标、堆芯熔化概率、抗地震能力、大量放射性释放概率，中国与美国、俄罗斯共同位列全球第一阵营。中国的核电技术不仅能满足国际上的指标要求，也能满足国家的使用要求，但有一个舆论倾向需要注意，也就是民众有谈"核"色变的恐惧，这方面的科普我们确实要加强。另外，中国内陆没有商业用的核电站，欧美发达国家有很多，特别是美国、法国，超过 50% 的核电站都在内陆，这涉及技术与公众接受度的平衡。

在技术研发方面，国内科研单位不懈攻关。三代核电技术以后，我们也在研发更加先进的核电技术。核聚变堆方面，我国与其他几个国家一起加入了国际热核聚变实验堆（ITER）计划。我国也有自己的计划，也在做这方面的研究，这个计划一旦实现，反应堆将不再依赖于铀资源，能源基本上可以无限制使用，同时可以做到零排放，安全性也高。

问题四：为了实现"双碳"目标，核电在我国能源结构中的理想占比是多少？

答： 中国能源生产与消费不均衡，2022 年火力发电占比为 69.8%，在"双碳"目标的推进过程中，这个数字肯定要适当下降，比如降 20%。那这下降的 20% 要靠什么来弥补呢？风力发电和光伏发电都有随机间歇性，不能满足电网输入稳定平滑的要求。要弥补火力发电下降的比重，出力稳定且绿色高效的核电可以作为将来电网的基荷能源。

中国科技会堂论坛第十三期
世界科技前沿发展态势与高水平科技自立自强

导读

近代科学诞生以来,已经发生了5次科技革命,对人类社会的发展进程产生了深远的、革命性的影响,从根本上改变了全球政治经济格局。当前,新一轮科技革命和产业变革突飞猛进,科学研究范式正在发生深刻变革,学科交叉融合不断发展,科技、经济和社会发展加速渗透融合,科技创新的广度和深度显著加大。

世界科技前沿呈现出不断向宏观拓展、向微观深入的趋势和特征。宏观世界大至天体运行、星系演化、宇宙起源,微观世界小至基因编辑、粒子结构、量子调控,而宏观和微观世界的科学研究成果,会深刻影响和有力推动事关人类生存与发展的科技进步。

2020年9月11日,在科学家座谈会上,习近平总书记希望广大科学家和科技工作者肩负起历史责任,坚持"四个面向",不断向科学技术广度和深度进军。那么,当前世界科技前沿发展态势是怎样的,我们又该如何理解科学技术的广度和深度?

主讲嘉宾

白春礼

中国科学院院士,"一带一路"国际科学组织联盟(ANSO)主席,中国科学院学部主席团名誉主席、原院长,《国家科学评论》、Nanoscale 主编。长期从事有机分子晶体结构、X 射线吸收精细结构谱、分子纳米结构、扫描隧道显微镜等研究。

互动嘉宾

周 琪 中国科学院院士,中国科学院副院长。主要从事生殖、发育、干细胞等领域的研究与转化工作。

常 进 中国科学院院士,中国科学院副院长。长期从事空间γ射线、高能带电粒子等暗物质粒子空间探测研究。

陆朝阳 中国科学技术大学教授。主要从事量子物理基础、量子光学和实用化量子信息等技术研究。

主讲报告

世界科技前沿发展态势

主讲嘉宾　白春礼

近代科学诞生以来已经发生了 5 次科技革命（图 1），包括 2 次科学革命、3 次技术革命。3 次技术革命引发的工业革命，对人类社会的发展进程产生了深远的、革命性的影响，从根本上改变了全球政治经济格局。在历史潮流中，谁抓住了科技革命的机遇，谁就能站在世界发展的潮头，将发展主动权掌握在自己手里。18 世纪 60 年代，英国抓住第一次工业革命机遇，一跃成为世界上首个工业化国家；19 世纪中后期，德国、法国抓住第二次科技革命机遇，跃升为世界强国；20 世纪以来，美国抓住电子和信息技术革命机遇，崛起为世界头号强国。进入 21 世纪，新一轮科技革命方兴未艾。当前，面对百年未有之大变局，科技创

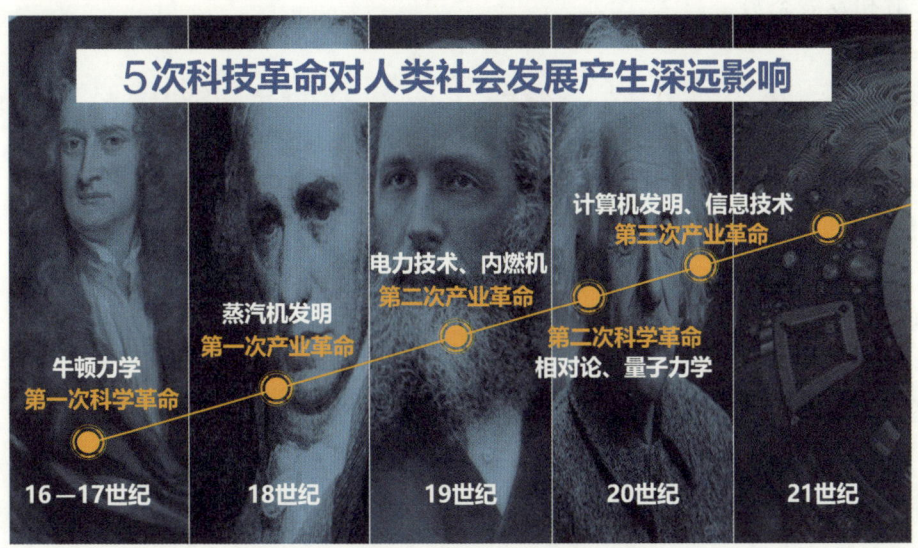

图 1　科学诞生以来的 5 次科技革命

新已成为影响和改变世界经济版图的关键变量。

习近平总书记在 2020 年 9 月 11 日的科学家座谈会上强调:"我国经济社会发展和民生改善比过去任何时候都更加需要科学技术解决方案,都更加需要增强创新这个第一动力。""希望广大科学家和科技工作者肩负起历史责任,坚持面向世界科技前沿、面向经济主战场、面向国家重大需求、面向人民生命健康,不断向科学技术广度和深度进军。"科学技术的广度和深度,深刻揭示了世界科技前沿不断向宏观拓展、向微观深入的趋势和特征。爱因斯坦也曾预言:"未来科学的发展,无非是继续向宏观世界和微观世界进军。"

宏观世界大至天体运行、星系演化、宇宙起源,微观世界小至粒子结构、量子调控、基因编辑,这些都是当前世界科技发展的最前沿,而宏观和微观世界的科学研究成果,又会深刻影响和有力推动事关人类生存与发展的科技进步。

我的报告重点从宏观、微观、中观三个层面,介绍当前最新科技前沿和发展态势。

向宏观拓展:追寻宇宙起源演化的脚步

探究宇宙的本质,既是一个古老的话题,又是当代科技的重要前沿。早在 2000 多年前,伟大诗人屈原就曾在《天问》中对宇宙发出疑问:"天何所沓?十二焉分?日月安属?列星安陈?"直到文艺复兴时期,望远镜的发明才使得人类逐步打开了科学认识、深入研究宇宙的大门。射电望远镜的出现,则让人类观测宇宙的尺度拓展到 150 亿光年左右的时空区域。随着观测手段日益丰富和技术不断提高,人类对宇宙的研究也从定性描述发展到了精确时代,可以对宇宙物质组分的演化分布进行更精确的计算和分析。

当前，宏观宇宙学的研究焦点主要是"两暗一黑三起源"，其中"两暗"是指暗物质、暗能量；"一黑"是指黑洞；"三起源"是指宇宙起源、天体起源和宇宙生命起源。这些方面一旦取得重大突破，就将使人类对宇宙的认识实现重大飞跃，可能引发新的物理学革命。

（一）暗物质、暗能量研究成为各国关注焦点

"红移现象"和"宇宙微波背景辐射"等说明宇宙正在加速膨胀。对于引起宇宙加速膨胀的主要原因，主流观点认为，在宇宙可观测到的物质之外，还存在暗物质、暗能量。宇宙中可见物质仅占4.9%，而暗物质占到26.8%，暗能量占到68.3%。暗物质不发光，不发出电磁波，不参与电磁相互作用，无法用任何光学或电磁观测设备直接"看"到。暗物质和暗能量，被称为21世纪物理学的两朵"乌云"，成为当前研究的热点，世界科技强国都在积极布局开展这方面的研究和探测。

探测暗物质的方式主要分为三类：一是对撞机探测，如欧洲核子研究中心的大型强子对撞机；二是在地下进行的直接探测，如我国在位于四川省的中国锦屏地下实验室中正在开展的相关实验；三是间接探测，主要在外层空间进行，通过收集和分析高能宇宙射线粒子和γ射线光子寻找暗物质存在的证据。2008年，美国发射了费米太空望远镜，探测暗物质就是重要任务之一。2011年，美国"奋进号"航天飞机的最后一次飞行任务就是专门为国际空间站运送阿尔法磁谱仪。

我国积极开展暗物质、暗能量研究，2015年，中国科学院成功研制发射了"悟空号"暗物质粒子探测卫星，搭载了目前国际上最高分辨、最低本底的空间高能粒子望远镜，比阿尔法磁谱仪和费米太空望远镜观测能量上限高10倍。目前"悟空号"已经服役8年，获得了国际上精度最高的电子宇宙射线探测结果，发现能谱上存在一处新的结构可能与暗物质有关，一旦被后续数据确认，将是天体物理领域的突破性发

现。2023年6月，国家天文台参与的暗能量光谱巡天国际合作项目（DESI）向全球发布首批科学数据，包括120万个河外星系和类星体及50万颗银河系恒星的光谱。DESI项目自2021年开始光谱巡天，计划在5年内获取超过4000万个星系，以此构造出三维宇宙空间的物质分布，揭示暗能量的本质以及宇宙膨胀历史。

（二）黑洞研究打开宇宙和天体起源的新视野

黑洞其实并不是洞，也不是黑色的。它是恒星死亡后的遗骸，是密度极大、体积极小的天体，具有强大的引力，连光都无法逃脱。在天文学家眼中，黑洞就好像地球被压缩成一个顶针，或者太阳被压缩到直径只有6千米。对黑洞的形成、性质、结构及其演化规律进行研究，对于更深入认识宇宙的演化具有重要的意义。1964年，人类用观测方法发现了第一颗恒星级黑洞。之后，科学家又陆续发现了更多的黑洞。2015年，由中国科学家领衔的国际研究小组宣布，发现了一个距地球128亿光年、质量为太阳120亿倍的超大质量黑洞，这是已知最大质量的黑洞。

2019年4月，分布在全球8个不同地区的射电望远镜组成的观测阵列网络，经过近2年观测和后期海量数据分析处理，全球六地同步直播发布了距离地球5500万光年、质量为太阳65亿倍的黑洞照片（图2）。这是人类首次看到黑洞的"面貌"，引起社会广泛关注。我国天文学家也参与了这项研究和观测工作。2023年4月，中国科学院上海天文台在《自然》杂志发表文章，宣布成功实现了对M87黑洞及其周围吸积流和喷流的共同成像探测，并首次发布黑洞的"全景照"。在这次对黑洞的研究中，中国科学院上海天文台领导的国际科研团队利用分布在全球不同地区的总共16个观测台站，在不同于此前事件视界望远镜（EHT）的观测频段，完成了成像与科学分析，实现了对M87黑洞及其

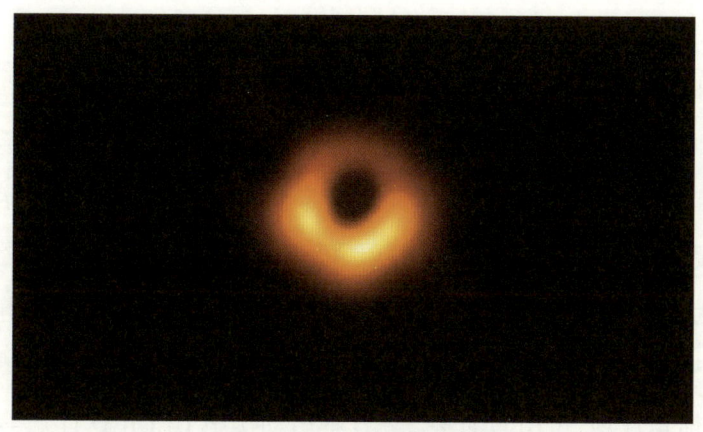

图2　第一张黑洞照片

周围吸积流和喷流的共同成像探测，给该黑洞及其周围的"环境"拍摄了"全景照"，并首次显示出了中央超大质量黑洞附近的吸积流与喷流起源之间的联系。

世界科技强国都在积极部署黑洞探测研究，如美国激光干涉引力波天文台（LIGO）、意大利"室女座"（Virgo）引力波天文台等，都把探测研究黑洞作为一项重要任务。罗杰·彭罗斯、莱因哈德·根泽尔和安德里亚·赫兹三位科学家，因为在黑洞领域的研究工作获得了2020年诺贝尔物理学奖，这让人们的目光又一次聚焦黑洞研究。

我国也在积极开展黑洞探测工作。2017年，中国科学院发射中国首颗X射线天文卫星"慧眼"。2024年1月9日，具有高灵敏度加大视场特性的"爱因斯坦探针"卫星发射成功。此外，我国还将实施"黑洞探针""天体号脉"等探测计划，这些探测计划将有力推动我国在黑洞研究方面取得一批重大原创成果。

（三）引力波开辟了探究宇宙起源的新途径

探索宇宙演化和宇宙结构起源的过程是一项长期性、基础性任务。长久以来，科学家试图通过高能粒子、宇宙射线等多种方式探究宇宙的起源和演化。

早在1916年，爱因斯坦就基于广义相对论预言了引力波的存在，但直到2015年，LIGO才探测到引力波信号。这也标志着引力波天文时代的开启，为研究宇宙起源与演化开辟了新的途径。2017年诺贝尔物理学奖授予美国科学家雷纳·韦斯、巴里·巴里什和基普·索恩，以表彰他们为LIGO项目和发现引力波所作的贡献。随后，全球兴起了引力波探测热潮，如欧盟实施了欧洲空间引力波计划（eLISA），美国推出"后爱因斯坦计划"（BBO计划），日本启动实施DECIGO计划等。

2021年12月，科学家发布了迄今最大的引力波事件目录。通过利用一个全球探测器网络，研究小组新确定了35个引力波事件，这使得自2015年开始探测工作以来观察到的事件总数达到90个。在新探测到的35个事件中，有32个可能是黑洞合并——2个黑洞相互旋转并最终结合在一起，这一事件会发射出一阵引力波；有2个可能是中子星跟黑洞的合并——这是一种更为罕见的事件类型。

习近平总书记对引力波的研究十分关注，曾作出重要批示。我国近年来先后启动了"太极计划""天琴计划"等空间引力波探测计划。2019年，中国科学院成功发射"太极一号"卫星，2021年，"太极一号"已圆满完成全部预设实验任务，实现了我国迄今为止最高精度的空间激光干涉测量，完成了国际首次微牛量级射频离子和霍尔两种类型电微推技术的全部性能验证，并率先实现了我国两种无拖曳控制技术的突破，达到我国最高水平。

中国科学院正在建设的阿里原初引力波观测站，是世界上海拔最高的原初引力波观测站，人们将其形象地比喻成"在世界屋脊的屋脊聆听宇宙初啼"。阿里原初引力波观测站预计将于近期给出北天最精确的宇宙微波背景辐射极化天图。

2023年6月，中国科学院国家天文台和北京大学合作，利用"中国天眼"（FAST）探测到纳赫兹引力波存在的关键性证据。这是纳赫兹引力波搜寻的一个重要突破，相关成果在《天文和天体物理学研究》上发表。对频率低至纳赫兹（10^{-9}赫兹）的引力波进行探测，对于理解超大质量黑洞、星系并合历史和宇宙大尺度结构形成等问题具有重要意义。因此，搜寻纳赫兹引力波已成为国际物理和天文领域备受关注的焦点问题之一。纳赫兹引力波探测灵敏度强烈依赖于观测时间跨度。美国、澳大利亚及欧洲的科研团队已分别开展了约20年的纳赫兹引力波搜寻。中国的研究团队充分利用"中国天眼"优良性能，以数据精度、脉冲星数量和数据处理算法上的优势，使我国纳赫兹引力波探测和研究同步达到世界领先水平。

（四）深空探测成为科技竞争的制高点

各航天大国积极开展载人航天、月球与深空探测等重大航天工程，在全球范围内掀起新一轮空间探索热潮。美国的"勇气号"登陆火星，"朱诺"探测器抵达木星，"旅行者一号"和"旅行者二号"经过44年的飞行已飞出太阳系。欧洲航天局的"菲莱"着陆器登上彗星。日本的"隼鸟一号"探测器完成人类首次将小行星样本带回地球；"隼鸟二号"在"龙宫"小行星上投放了着陆器，采集了首个地下物质样本并在澳大利亚南部的沙漠中成功回收，日本科学家发现该样本中含有约2万种有机化合物，其中至少有20种是氨基酸，也有构成生命不可或缺的蛋白质的材料物质。2023年9月，美国小行星采样探测器"奥西里斯–REx"成功将装有小行星碎片的样本舱送回地球，这是美国航空航天局（NASA）第一次收集到富含碳的近地小行星碎片，也是人类迄今为止从小行星带回的最大样本，约250克，日本"隼鸟二号"采回的样品约5.4克。

我国也在规划并积极开展深空探测，2020年，我国发射并成功返回"嫦娥五号"。这次探测任务是人类时隔44年再一次采集月球样品并将其带回地球，为将来的深空探测研究奠定了基础。中国科学院受托开展月球样品基本信息整理，我国科学家在月球样品研究方面取得一系列重大成果。2022年4月，中国科学院地质与地球物理研究所的科学家解析月球表面太空风化作用机制，证明月球表面的太空风化作用主要受到微陨石撞击、太阳风及宇宙射线的辐照等因素共同作用，这一成果对更好认识月球表面物质演化过程具有重要意义。2022年9月，国家航天局、国家原子能机构联合发布中国科学家首次在月球上发现的新矿物，并将其命名为"嫦娥石"。这些由我国科学家独立完成的研究成果得到国际专家的高度评价，也对未来的月球探测和研究提出了新的方向。相关成果发表在《国家科学评论》《自然》和《地球物理研究快报》等期刊上。

火星探测是当前深空探测的热点。2020年，阿联酋"希望号"、中国"天问一号"、美国"毅力号"先后奔赴火星开展探测。其中，阿联酋"希望号"仅在火星轨道绕行。

2021年2月，美国的"毅力号"成功登陆火星，并开展了系列科学实验，其中有两项值得肯定。一是在火星上利用大气中的二氧化碳制成氧气，这是人类首次在地外行星制氧。"毅力号"携带的"火星氧气就地资源利用实验（MOXIE）"设备，能成功将火星大气中二氧化碳的氧原子分离出来。在2023年8月进行的一次实验中，MOXIE产生了9.8克氧气，足够一名宇航员呼吸3小时。本次实验成功有望推动研制出更大、更高效的氧气生成器，不仅有助于解决未来宇航员在火星上的供氧问题，还能为人类从火星返回地球使用的火箭提供氧气燃料。二是美国的"机智号"小型无人机多次在火星上成功受控飞行，在火星上飞行需要应对稀薄大气层、猛烈风力、极低温度、深空辐射和环境重力不一等多重挑战。美国航空航天局形容，此次突破堪比1903年莱特兄弟首次飞机试飞成功，为将来把火星作为人类移居或深空探测的中转站，进行了有益的可行性探索。

2021年5月，"天问一号"探测器成功着陆于火星乌托邦平原南部预选着陆区，这标志着我国首次火星探测任务着陆火星取得成功，同时也成为第二个成功着陆火星的国家。"天问一号"通过一次发射实现"绕、落、巡（火星环绕、着陆、巡视探测）"三大目标，有望在火星形貌与地质构造特征等领域取得开创性成果，实现对火星的表面形貌、土壤特性、物质成分、水冰、大气电离层、磁场等的科学探测。"天问一号"环绕器和火星车上共有12台载荷，其中中国科学院研制了9台。利用这些科学载荷，我国科学家取得一系列研究成果。如2022年8月，中国科学院近代物理研究所与国内外多家单位合作，利用"天问一号"火星能量粒子分析仪获得了首个科学成果，研究讨论了基于该载荷在地火转移轨道中观测到的一个太阳高能粒子事件，相关研究成果在《天体物理学杂志快报》发表，并被美国天文学会选为亮点工作。

围绕深空探测和研究，一批大科学装置发挥了重要作用。2019年，美国的哈勃太空望远镜公布了最新的宇宙照片"哈勃遗产场"（HLF）如图3所示。这是迄今为止最完整、最全面的宇宙图谱，记录了从宇宙大爆炸后5亿年到当代宇宙不同时期约265000个星系，其中有些已至少133亿岁"高龄"，展现了一部壮丽的宇宙星系演化史。

2016年，由中国科学院建设运行的500米口径球面射电望远镜"中国天眼"（FAST）正式启用。这是目前世界上最大单口径、最灵敏的射电望远镜，接收面积达到25万平方米，灵敏度是第二名的单口径射电望远镜的2.5倍，将在未来10年内保持世界领先地位。目前，FAST已

图 3　宇宙照片"哈勃遗产场"（HLF）

经发现了超过 800 颗脉冲星，2020 年在快速射电暴的研究中取得了重要成果，入选《自然》评出的 2020 年度十大科学发现。

一批性能更为先进的大科学装置正在加快建设。例如，多国正在共同建设平方千米阵列射电望远镜（SKA），由位于澳大利亚西部的低频阵列和位于南非的中频阵列两部分组成，接收面积约 1 平方千米。这是人类有史以来建造的最大的天文装置，预计 2030 年前后投入使用，将开辟人类认识宇宙的新纪元。我国也是 SKA 的创始成员国之一，积极参与承担了反射面天线、低频孔径阵列、信号与数据传输、科学数据处理、中频孔径阵列等建设和研究工作。

向微观深入：探究物质世界和生命的终极奥秘

从微观结构探究物质世界和生命的本质及运行活动规律，是世界科技前沿的另一个发展方向。早期对物质和生命现象的研究受限于观测手段，停留在肉眼可见的范围。比如，中国古代用金木水火土五行来表示物质的性质，描述物质的运动和转化关系；古希腊哲学家亚里士多德认为世界的本源是由土、水、气、火四大元素组成的。

直到17世纪，显微镜的发明开启了探索微观世界的大门。在生物研究方面，19世纪中叶，巴斯德对发酵过程的研究使微生物进入人们的视野。1953年，沃森和克里克发现了DNA双螺旋的结构，开启了分子生物学时代，对生命体的研究进入到分子层次。在对物质结构的探索方面，18世纪后期，拉瓦锡就提出了科学的"元素"概念。1869年，门捷列夫发表了第一张元素周期表，成为人类认识物质世界划时代的发现。人类对微观世界的认识发展过程如图4所示。

图4　人类对微观世界的认识发展过程

（一）对微观粒子及其新物态的研究不断深入

在粒子物理学里，科学家提出的标准模型描述了强力、弱力和电磁力这3种基本力，以及组成所有物质的基本粒子，一共预言了61种基本粒子。这些基本粒子逐渐被科学家发现，截至2012年科学家已经发现了60种，说明这个标准模型非常精确，能够预测实验。2013年，科学家依靠大型强子对撞机（LHC）发现了希格斯粒子，完成了标准模型确认工作的最后一环。至此，标准模型预言的61种基本粒子已经全部被发现。

标准模型取得了巨大成功,是人类认识微观世界的一个重要里程碑,推动了天体物理、宇宙学和核物理等学科的重大发展,也促成粒子宇宙学、高能天体物理学等新的交叉学科的诞生。诺贝尔物理学奖多次授予了在标准模型的相关研究中作出重大贡献的科学家。

中国科学院科学家与国外科学家合作,利用位于广东的大亚湾中微子实验装置,发现了一种新的中微子振荡模式,被认为是近年来该领域的重要突破之一。目前大亚湾中微子实验装置已完成既定科学目标,正式退役。其他中微子物理相关工作还在稳步推进,如中国江门中微子实验、美国深层地下中微子实验、日本超级神冈中微子实验,分别计划于2024年、2026年、2027年采集数据。

(二)量子调控成为当前物质科学与信息技术的重要前沿

理论和实验手段的进步,使微观物质结构研究开始从"观测时代"走向"调控时代",也为能源、材料、信息等产业发展提供新的理论基础和技术手段。2012年,诺贝尔物理学奖授予法国物理学家塞尔日·阿罗什和美国物理学家戴维·瓦恩兰,以表彰他们"提出了突破性的实验方法,使测量和操纵单个量子系统成为可能"。

我国在这一领域具有很强的理论和技术储备,取得了一批重大研究成果。比如,铁基高温超导、多光子纠缠、量子反常霍尔效应等,这3项成果都获得了国家自然科学奖一等奖。此外,我国科学家在拓扑绝缘体、外尔费米子、马约拉纳束缚态等方面,也取得了具有世界影响的重大成果。

作为量子调控领域最重要的应用方向,量子通信和量子计算是当前的研究热点,国际竞争非常激烈。2018年,欧盟启动了"量子科技旗舰项目计划",美国正式颁布了《国家量子计划法案》,日本也发布了"量子飞跃旗舰计划"。之后,美国又于2020年2月发布了《美国量子网络战略构想》，10月发布了《国家量子信息科学战略投入的量子前沿报告》。2023年1月，法国发布了《国家量子技术战略》。

我国目前在量子密钥通信方面处于世界前沿地位。2016年，中国科学院研制并成功发射了世界首颗量子信息科学实验卫星"墨子号"（图5），在国际上首次实现千千米级星地双向量子密钥传送和量子隐形传态，并成功实现洲际量子密钥保密通信，为构建覆盖全球的量子密钥保密通信网络奠定了重要的基础。中国科学院牵头建设的"京沪干线"量子密钥通信骨干网，已于2017年正式开通，这是世界上第一条量子密钥通信保密干线，标志着我国已构建出全球首个天地一体化广域量子密钥通信网络雏形。

图5 2016年中国科学院发射世界首颗量子通信卫星"墨子号"

量子计算也是各国高度关注的战略制高点。一台操纵50个微观粒子的量子计算机，对特定问题的处理能力可超过目前运行能力最强的超级计算机，相比经典计算机实现指数级别的加速，具有重大社会和经济价值，如密码破译、大数据优化、材料设计、药物分析等。

2017年，中国科学技术大学的研究团队构建了世界首台超越早期经典计算机"埃尼阿克"（ENIAC）的光量子计算原型机。2019年，谷歌宣布开发出了54个量子比特的超导量子芯片，该量子芯片支持的量子计算机对一个电路采样100万次只需200秒，而当时运算能力最强的经典计算机"顶点"（Summit）需要10000年，率先实现了"量子优越性"（指当可以精确操纵的量子比特超过一定数目时，量子计算机在特定任务上的计算能力就能远超经典计算机）。2020年，中国科学技术大学与有关单位合作，构建了76个量子比特（光子）的量子计算原型机"九章"。2023年10月，该团队又成功构建了255个量子比特的量子计算原型机"九章三号"，再度刷新了光量子信息的技术水平和量子计算优越性的世界纪录。此外，该团队还成功研制出可编程超导量子计算原型机"祖冲之号"和"祖冲之二号"。"祖冲之二号"具有66个比特，使得我国成为目前唯一在光量子和超导量子比特两种物理体系都达到"量子计算优越性"的国家。

围绕量子计算机的国际竞争非常激烈，谷歌、微软、IBM等跨国企业都在这方面投入巨资。2023年12月，IBM推出了第一台拥有1000多个量子比特的量子计算机，这相当于一台普通计算机中的数字比特。此次发布的芯片名为"秃鹫"，拥有1121个以蜂窝状排列的超导量子比特。由此可以预见未来围绕量子计算机的国际竞争将更加激烈。

（三）对生物大分子和基因的研究进入精准调控阶段

随着对基因、细胞、组织等的多尺度研究不断深入，以及基因测序、基因编辑、冷冻电镜等新技术的进步，生物大分子结构研究的效率大大提升，生命科学领域研究正在从"定性观察描述"向"定量检测解析"发展，并逐步走向"预测编程"和"调控再造"。分子生物学、基因组学、合成生物学等领域成果不断涌现，全面提升了人类对生命的认知、调控和改造能力。

基因组学是生命科学最前沿、影响最广的领域之一。人体细胞脱氧核糖核酸（DNA）分子大约有 10 万个基因，这些基因控制 10 万种人体蛋白质的合成。基因工程就是要寻找目的基因，通过对其进行剪切、剔除、连接、重组等操作，实现对生命体的调控。近年来，基因测序成本以超过信息领域摩尔定律的速度下降，2003 年全球完成人类基因组测序花了 13 年，耗资 30 亿美元；目前只要几百美元，数小时就可完成，这对基因组研究、疾病研究、药物研发、生物育种等具有巨大的推动作用。2022 年 3 月，被誉为生命科学"登月计划"的人类基因组测序再次取得重大进展，国际科学团队端粒到端粒联盟（T2T）发表了第一个完整的、无间隙的人类基因组序列，首次揭示了高度相同的节段重复基因组区域及其在人类基因组中的变异。研究人员称，这一完整的、无间隙的序列对于了解人类基因组变异的全谱和了解某些疾病的遗传贡献至关重要。

基因编辑技术就是对 DNA 序列进行精准的"修剪、切断、替换或添加"，有人将其比喻为"上帝的手术刀"。基因编辑技术不断改进和发展，CRISPR-Cas9 技术已成为基因编辑最有效、最便捷的工具，广泛应用于生命科学研究和临床研究。2020 年，法国科学家埃玛纽埃勒·沙尔庞捷和美国科学家珍妮弗·道德纳因"发明的 CRISPR-Cas9 基因编辑技术可以让研究人员以极高的精度改变动物、植物和微生物的 DNA"而获得诺贝尔化学奖。以 CRISPR-Cas9 为核心的基因组编辑技术的缺点之一是突变和脱靶效应。这通常是由于酶靶向具有与目标位点相似序列的基因组位点引起的。2022 年 11 月，丹麦科学家一项研究已能描述 CRISPR 背后的机制，能够解释为什么一些脱靶，即基因组其他地方的意外切割，比在预定位置的切割更有效，还了解到靶标周围的不同 DNA 序列如何影响 Cas9 蛋白切割 DNA 的效率，该研究成果发表在

《自然》期刊上。2023年4月，日本的科研人员开发出一种优化的基因组编辑方法，可极大地减少突变，从而更有效地治疗遗传疾病。过去10年，人们在编辑基因组方面迈出了一大步，正在使该技术变得更好、更安全、更有效。

合成生物学被誉为是继DNA双螺旋结构和人类基因组测序之后的"第三次生物学革命"，也被认为是改变世界的颠覆性技术。目前，科学家已经能够设计多种基因控制模块，组装具有更复杂功能的生物系统，甚至创建出"新物种"。比如，利用合成生物学技术，可以培养出用于诊断早期癌症与糖尿病的细菌，合成出抗疟药物青蒿素、抗生素林可霉素等药物，更简单高效地生产生物燃料，很有可能引发相关领域的产业革命。

中观层面：科学技术广泛应用和深刻影响到各方面，推动经济繁荣、造福人类

人类对宏观和微观极限的不断探索，出于对自身所处世界运行发展规律的好奇心驱动，也反映出人类通过科学技术这一有力武器，不断提升生存发展能力和水平的不懈追求。对宏观和微观世界规律研究的不断深入，也反过来推动人类认识世界、改造世界的能力不断增强，推动人类的活动范围不断扩展、生命健康水平持续提升，使信息传递和交换能力都达到了前所未有的高度，深刻改变了人类的工作方式和生活方式。

（一）信息科技成为经济社会与生活发生深刻变革的主导力量

20世纪80年代，未来学家阿尔温·托夫勒提出第三次浪潮的概念，预言人类将进入信息社会（图6）。信息技术的飞速发展打破了空间限制，人与人、人与物的联系日趋紧密，我们正在进入一个"人—机—

图6　阿尔温·托夫勒的著作《第三次浪潮》

物"三元融合的万物互联时代。最近几年,物联网、云计算、大数据、人工智能、区块链等飞速发展和广泛应用,引起了经济社会各方面的深刻变革。而且,信息技术的发展速度还在加快,新的技术、颠覆性技术还在持续不断地涌现,持续推动经济社会加速向数字化转型,主要体现在以下三方面。

一是,以芯片和元器件、计算能力、通信技术为核心的新一代信息技术正处在一个重要突破关口。硅基芯片和元器件是信息技术发展的基石,其制程工艺不断提高,处理速度越来越快,存储能力越来越强,能耗越来越低。目前已大规模应用的7纳米手机芯片,集成了69亿个晶体管;5纳米手机芯片可以集成300亿个晶体管;3纳米手机芯片也正在研发。图形处理器、现场可编程门阵列、神经网络芯片等也在加速发展。

2021年5月6日，IBM宣布制造出2纳米芯片，这是迄今为止研发出的最小、最强大的微芯片，该芯片指甲盖大小，包含500亿个晶体管，每个的大小差不多相当于两条DNA链。预计这款2纳米芯片的性能比7纳米芯片提高45%，能耗降低75%。如果装上2纳米芯片，手机电池的续航时间会是原来的4倍，电脑的运行速度会明显加快，数据中心会因为采用更节能的芯片而大幅减少碳排放，这种芯片预计在2024年年底投产。

二是，"互联网+""智能+"使经济活动更加灵活、智慧，不断催生出新业态、新模式，深刻改变人们生活、工作、学习和思维方式。从无人驾驶到智慧交通，从直播带货到智慧物流，从5G通信到数字货币，从网络扶贫到数字乡村，数字经济加速发展，为经济发展打开新的空间，为产业转型升级提供新的动力。各种智能终端、可穿戴设备不断推陈出新，远程办公、远程教育、远程医疗、无人酒店、无人超市、无人餐厅等飞速发展，推动经济社会全方位数字化转型。据统计，数字经济在发达国家经济中占到60%以上，中国目前占36.2%，对GDP增长的贡献率达到67.7%。尽管5G网络才刚刚开始运营，远未在所有国家普及。华为、LG、苹果等相继宣布开始研究制定6G移动通信的标准，业内人员预计6G网络将于2030年开始建设。

"元宇宙"是一个热门概念，或将成为数字经济的重要组成部分。元宇宙是一个由无数相互关联的虚拟社区组成的世界，这是互联世界进化的下一个阶段，把所有东西集中到一个无缝衔接的平行宇宙里，所以人们将像生活在现实世界中一样生活在虚拟世界中。你可以去听虚拟音乐会、在线旅游、观赏或创作艺术作品、试穿或购买数字服装，诸如此类。元宇宙还可能改变居家办公的游戏规则，人们不用再通过视频通话与同事见面，而可以一起进入虚拟办公室。有专家预测，虚拟现实可能对亚洲经济产生"变革性影响"。到2035年，元宇宙对亚洲GDP的贡献可能在每年8000亿~1.4万亿美元，中国元宇宙优势明显，每年对GDP贡献将达到4560亿~8620亿美元。

关于元宇宙也存在一定的争论，有评论认为元宇宙是风口也是虎口，质疑元宇宙存在的意义，以科幻作家刘慈欣为代表。刘慈欣认为元宇宙是极具诱惑、高度致幻的"精神鸦片"，担忧人类沉浸在虚拟世界故步自封。当然，我们何时能触达元宇宙的世界，短期内不会有答案，在产业、技术、法律、道德伦理层面，还有很长一段路要走。即便是人们公认的区块链、物联网、网络及运算、人工智能、电子游戏技术、交互技术［包括虚拟现实（VR）、增强现实（AR）、混合现实（MR）等］——元宇宙这六大支撑技术已有不同程度的落地，但还远难搭建起理想中的元宇宙世界。

三是，人工智能（AI）作为引领带动新一轮科技产业变革的战略性技术，将对产业结构、产业形态及社会生活带来决定性影响。

近年来，AI的发展日新月异，已经从一个科学研究领域演变为深刻变革和影响各个行业的赋能技术，并作为基础设施推进经济和军事的发展。我这里简单举两个例子。

一个是AI在结构预测方面的应用，2020年，谷歌旗下的"深度思维"（DeepMind）公司研发的阿尔法折叠（AlphaFold）算法在国际蛋白质结构预测竞赛（CASP）上击败了所有的参赛选手，在原子水平上精确地基于氨基酸序列预测了蛋白质的3D结构，解决了困扰生物圈50年之久的"蛋白质折叠问题"。传统实验技术解析蛋白质3D结构需要花费数年时间，而AlphaFold仅需数天时间。这一成果被《自然》评价为"可能改变一切"，对更好地理解人类生命形成机制、加快药物发现速度、重大疾病治疗等具有非常重要的意义。2022年，美国"元"

（Meta，原名 Facebook）公司的 ESMFold 算法预测了来自细菌、病毒和其他尚未被表征微生物的 6 亿多种蛋白质的结构，已基本涵盖了整个蛋白质世界，包括动物、植物、细菌、真菌和其他生物体的预测结构。AI 在预测材料结构方面也有广泛的应用。

另一个例子是，OPEN AI 公司开发的 ChatGPT 引发社会广泛关注，该系统推出仅 2 个多月，活跃用户超过 1 亿，用户增长速度堪称史无前例。2023 年 3 月，GPT-4 正式发布，数据显示，它在各种专业和学术基准上与人类水平相当，优秀到令人难以置信。例如，在人类的多项考试中表现出色，GPT-4 在美国律师考试（Bar Exam）里击败了 90% 的人类，在美国高中毕业生学术能力水平考试（SAT）阅读考试中击败了 93% 的人类，在 SAT 数学考试里击败了 89% 的人类，它的分数几乎是其前代 GPT-3 的 2 倍。从目前普遍的对话感受来看，ChatGPT 的最大亮点就在于优秀的意图识别与语言理解能力，这令人意识到 AI 的交互能力已经实现了跨越式进展。

美国一家提供就业服务的平台对 1000 家企业进行了调查，结果显示，近 50% 的企业表示，已经在使用 ChatGPT，30% 的企业表示，有计划使用。而在已经使用 ChatGPT 的企业中，已经让其代替员工工作的占 48%。

ChatGPT 本质上是一款大型语言模型，尽管尚处于初级阶段，但作为一项技术创新和应用，展现了强大的生命力，代表了自然语言处理（NLP）领域数十年的积累，也为 AI 的下一步发展注入了新的活力。我国也有不少科技机构和企业布局相关领域。如百度发布了新一代知识增强大语言模型"文心一言"，科大讯飞发布了讯飞星火认知大模型等，大家如果感兴趣的话可以搜索相关软件进行体验。

随着 AI 生成内容（AIGC）领域快速发展，数据泄露、电信诈骗、个人隐私风险、著作权侵权、虚假信息等挑战层出不穷，关于 AI 监管的讨论正在全球范围内升温。

（二）能源、材料、先进制造等领域技术加速进步

全球新一轮能源革命正在兴起，我国在化石能源清洁高效利用、可再生能源、第四代核能、大规模储能及动力电池、智慧电网等方面都取得了一批突破性进展，推动能源技术加速向绿色、低碳、安全、高效、智慧的方向转型。比如与直接燃烧相比，如果将煤炭转化成油品，不仅会减少对环境的污染，还能大幅度提高煤炭的附加值。2018 年，以中国科学院技术为核心的年产 400 万吨的全球单套规模最大的煤制油工程成功投产，实现煤炭资源清洁高效转化，拓宽了我国油品供给渠道，进而保障能源供应安全，习近平总书记专门致信祝贺。

新材料领域正在向个性化、绿色化、复合化和多功能化的方向发展，金属、陶瓷、高分子和复合材料快速进步；石墨烯、柔性显示材料、仿生材料、超导材料、智能材料、拓扑材料等层出不穷。材料强度与韧性不断提高，抗疲劳、耐高温、耐高压、耐腐蚀等性能进一步提升，为制造业发展和极端环境作业提供了更加可靠的保证。如为保障"天问一号"成功着陆于火星表面，中国科学院合肥物质科学研究院在前期探月工程任务基础上，研发出新一代"嫦娥钢"，实现了材料成分不变、吸能性显著提高的目标，其单位质量吸收能量是普通不锈钢的 3 倍左右，延伸率是普通不锈钢的 2.5 倍；研制的着陆缓冲机构，用拉杆、限力杆两种缓冲元件为"天问一号"着陆缓冲机构优化设计及其软着陆提供了重要支持。再如深海探测领域，中国科学院金属研究所为"奋斗者号"球形载人舱研发的高强度、高韧性新型钛合金 Ti-62A，在搭载了 3 名潜航员的大尺寸要求下，还要承受超过 110 兆帕的压力，相当于 2000 头非洲象踩在一个人的背上，难度可想而知。

在先进制造领域，以智能感知、智能控制、柔性自动化生产为特征的智能工厂大量涌现，3D、4D 打印技术快速发展，先进机器人、工业互联网技术广泛应用于制造业，个性化定制、柔性化生产、制造业服务化等成为新趋势。如德国西门子安贝格电子工厂被称为全球最接近工业 4.0 的工厂，生产过程实现了从产品到制造全价值链的数字化，一条生产线一天可进行 350 次切换，能生产 1000 多种不同的产品，且产品的合格率高达 99.9989%。

（三）生命健康和医疗卫生水平得到革命性飞跃

有人说 21 世纪是生命科学的世纪。在《科学》创刊 125 周年公布的 125 个最具挑战性的科学问题中，46% 属于生命科学领域。精准医学、癌症治疗、干细胞和再生医学、脑科学研究等是目前的前沿热点方向。

生命科学研究领域的新技术、新方法加速走向临床应用，推动医学走向"个性化精准诊治"和"关口前移的健康医学"新发展阶段。2015 年，美国政府提出"精准医学计划"，目标是"为每个人量身定制医疗保健"，在世界范围内掀起了精准医学的热潮。目前，精准医疗在癌症等重大疾病的预防和治疗方面取得了多项突破。美国《科学家杂志》评选的 2018 年十大科技进展中，2 项与精准医学有关：一项是中国科学院的基于自组装的 DNA 折纸技术，构造出携带凝血酶的纳米机器人系统，在遇到肿瘤特异蛋白时释放出凝血酶，选择性切断血液供应来"饿死"肿瘤；另一项是通过 AI 处理海量数据，可发现医生无法诊断的疾病模式。

生物学界认为信使核糖核酸（mRNA）技术有望催生新一轮药物和疗法革命。mRNA 是一种将 4 类碱基化合物联结在一起的链式结构，是病毒遗传密码的一部分，注射到患者身体后会自行产生适应的抗体。

2023年10月，诺贝尔生理学或医学奖授予科学家卡塔琳·考里科和德鲁·韦斯曼，以表彰他们在mRNA研究上的突破性发现，这些发现助力疫苗开发达到前所未有的速度。2021年，美国莫德纳公司启动了针对艾滋病病毒的mRNA疫苗一期临床试验。此外，来自日本、德国和法国等国的科学家也计划利用这一技术开发流感疫苗、疟疾疫苗，以及治疗心脏病、关节炎等疾病的疗法。美国计划开发可预防多种癌症的疫苗，利用mRNA疫苗诱导人体免疫系统识别50种常见的致癌基因突变，并在癌细胞首次出现时将其消灭。

干细胞和再生医学为有效治疗心血管疾病、糖尿病、神经退行性疾病、严重烧伤、脊髓损伤等难治愈疾病提供了新的途径，有望成为继药物治疗、手术治疗后的第三种疾病治疗途径，引发新一轮医学革命。比如，中国科学院基于干细胞技术制备出引导脊髓组织损伤再生的生物材料，已开展修复脊髓损伤的大动物（狗）实验168例，显示出良好的临床前景，已经开始进入临床试验。2018年，中国科学院完成世界上首例脐带间充质干细胞复合胶原支架材料治疗卵巢早衰临床研究，成功让一名卵巢功能衰竭的患者诞下健康婴儿。2019年，中国完成首例基因编辑干细胞治疗艾滋病和白血病患者。

脑科学被看作是自然科学研究的"最后疆域"。主要科技强国都高度重视脑科学研究，欧盟及美国、日本等国相继启动了脑科学研究计划，发起成立了国际大脑联盟；我国也将"脑科学"研究纳入"科技创新2030—重大项目"。目前，科学家已经绘制出全新的人类大脑图谱，是脑科学、认知科学、认知心理学等相关学科取得突破的关键，为发展新一代神经及精神疾病的诊断、治疗技术方法奠定了坚实的基础。人脑重大疾病诊治也取得重要进展，对帕金森病、阿尔茨海默病、抑郁症等重大疾病机理研究不断深入，新的治疗手段和药物不断涌现。中国科学院研发的抗阿尔茨海默病新药"九期一",已于2019年年底上市,填补了该领域全球17年无新药上市的空白。脑机接口技术因具有战略性特性,正越来越多地应用于军事、航天、医疗康复等关键领域。2023年9月,外媒报道由埃隆·马斯克创立的大脑芯片企业"神经连接"公司宣布,该公司已获得独立评审委员会的批准,可以开始针对瘫痪患者的大脑植入物的首次人体试验。

(四)深海深地探测为新的能源资源开发利用开辟了新途径

在海洋研究与开发方面,各国关注的重点已从近海走向深海大洋,更加重视海洋资源的保护和开发利用。2019年,美国的载人深潜器第三次突破10000米深度。我国的"蛟龙号"载人潜水器在2012年突破了7000米深度。中国科学院自主研制全海深自主遥控潜水器"海斗一号",于2020年5月9—26日在马里亚纳海沟成功完成4次万米下潜,连续下潜次数居世界前列,最大下潜深度10907米,使我国成为继日本、美国之后第三个拥有万米级无人潜水器的国家。2020年11月10日,中国科学院作为主要单位参与研制的中国首艘万米级载人潜水器"奋斗者号"下潜深度达到10909米,在马里亚纳海沟成功坐底,再一次刷新了中国载人深潜纪录。"奋斗者号"关键技术和设备的国产化率已达到90%以上。载人舱、浮力材料、锂电池、推进器、海水泵、机械手、液压系统、声学通信、水下定位、控制软件等十大关键部件都实现了国产,且性能可靠。

在地球探测方面,围绕科学研究、资源开发利用、防灾减灾等目标,人类活动范围不断向地球深部拓展。人类地下建筑的深度一般到百米量级,如世界上最深的地铁(朝鲜的平壤地铁)建在地下200米左右,最深的海底隧道(日本的青函隧道)位于地底240米;核废料的存储深度一般在地下500~1000米的深度;我国在地下2400米建设的锦屏地下实验室是目前世界上岩石覆盖最深的地下实验室，其目的是用岩石屏蔽宇宙射线开展暗物质研究；世界上最深的金矿（南非姆波尼格金矿），深度达到4350米。再往深处走主要就是科学超深井钻探项目，如美国联合多国实施的大洋钻探计划，在各大洋完成逾千个钻孔，取芯深度最大超过9500米；2018年我国实施了全球首个钻穿白垩系的科学钻井，钻探及取芯深度达到7018米；2022年8月，中国石油化工股份有限公司宣布在油气勘探开发领域实施的"深地工程"获得重大突破，"深地一号"诞生。"深地一号"油气井平均深度是全国之最，定向井井深最深达9300米，刷新亚洲最深纪录，堪称"地下珠峰"。目前，世界上最深钻井纪录还是苏联在冷战时期创造的科拉超深钻孔，深度达12262米。总的来说，人类对我们赖以生存的地球了解还十分有限，直接探测深度还未突破地球最外层的地壳（平均厚度约17000千米），探测的手段和能力还需不断加强。

以上，我们从宏观、微观和中观三个层面对科技创新前沿做了概括梳理。随着科学技术的前沿不断向深度和广度进军，人类对自然规律的认识不断向宏观和微观两个极限拓展，对人类自身和我们赖以生存发展的环境的理解也在不断深化，从而让我们更好地认识自然、理解自然、改造自然，推动人类社会和文明不断向前迈进。接下来，我简单向大家介绍一下我国科技创新的现状、问题与展望。

把握机遇抢占先机，加快实现科技自立自强

党的十八大以来，我国科技创新事业取得历史性成就，发生历史性变革，重大创新成果竞相涌现，一些前沿领域开始进入并跑、领跑阶段，科技实力正在从量的积累迈向质的飞跃，从点的突破迈向系统能力提升。

我这里通过一组数据作个简要说明。2022 年，我国的研发经费支出约 3.09 万亿元，研发强度约为 2.55%；我国创新人才规模稳居世界首位；国内发明专利申请量和专利合作条约（PCT）专利申请量都位居世界首位，成为全球科技创新的重要贡献者；科学引文索引（SCI）论文发表数量和高被引论文数量都位居世界第二位；在衡量高质量科研产出的自然指数（NI）排名中位居世界第二位。此外，中国科学院已连续 10 年在全球科教机构中位列首位。

我国这些年在科技创新方面取得的进展和成就，在国际上几个比较有影响力的竞争力指数排名中也得到了体现。比如，科学技术部公布的国家创新指数全球排名，中国排在第 11 位；世界知识产权组织等机构发布的 2022 世界创新指数排名，中国排在第 11 位；瑞士洛桑学院公布的 2022 年世界竞争力年鉴中，中国排在第 17 位，等等。这些数据反映出我国创新型国家建设取得显著成效，也增强了我们科技事业发展的信心和决心。但客观来讲，我国的科技创新水平与国家经济社会发展的要求相比，与世界科技强国特别是与美国的科技创新水平相比，还有较大差距。

在基础研究方面，我国 SCI 科技论文篇均被引次数只有 10 次 / 篇左右，低于世界篇均被引次数（12.61 次 / 篇）；在诺贝尔科学奖获奖者中，美国有 300 多位，日本 21 世纪以来已经有 19 位，而我国只有 1 位由于在本土的工作成果获奖。

在战略高技术方面，我们还面临很多关键核心技术的制约。我国芯片进口额已经连续多年超过石油，2019 年超过 3000 亿美元。操作系统、高端光刻机仍被国外公司垄断，90% 以上的传感器来自国外。高档数控机床、高档仪器装备等关键件精加工生产线的制造及检测设备，95% 以上依赖进口。130 多种关键基础材料，32% 在我国仍为空白，52% 依赖进口。高端医疗仪器设备、高端医用试剂、重大疾病的原研药、特效药基本依赖进口。这些方面的问题一旦被"卡脖子"，就会威胁到整个产业链和供应链的安全。2022年12月闭幕的中央经济工作会议，把解决"卡脖子"问题和产业链供应链安全作为当前工作的重点。

这里我举个光刻机的例子。光刻机是集成电路制造最重要的核心装备，是人类有史以来最精密复杂的设备之一，与航空发动机共同被誉为人类工业皇冠上的明珠，同时也是集成电路产业链上我国与国际先进水平差距最大的环节。

光刻机的基本工作原理主要是通过光学系统把事先制备在掩模上的图形以微缩的方式，利用光化学反应成像转移到晶圆上的过程，有点类似照相机照相。照相机是把物体和人像印在底片上，而光刻则是要把电路图印在硅片上。光刻技术水平直接决定了集成电路的工艺节点。比如华为采用5纳米工艺制程的麒麟9000芯片，在指甲盖大小的空间上集成了153亿个晶体管。

虽然基本原理简单，但实现起来却非常困难，特别是高端的极紫外光刻机，已接近人类超精密制造的极限。目前只有荷兰的阿斯麦（ASML）公司能够生产极紫外光刻机，但由于其中用到大量的美国技术和零部件，所以其出口受到美国的长臂管辖限制。华为等国内领先的芯片设计企业可以设计出7纳米甚至5纳米的芯片，但是离开了极紫外光刻机，高端芯片就彻底断供了。

在国家重大科技专项的支持下，我们国家在光刻机领域取得长足进步，目前已在开展面向28纳米工艺节点的193纳米波长的光刻机研制攻关。但在极紫外光刻机方面，我们还有很长的路要走。中国科学院不仅在当前结构的光刻机研究方面取得重要进展，还部署了全新技术路线光刻机的研制。

总体来看，我国科技创新取得了历史性成就，已经具备良好的发展基础和条件，发展潜力很大，发展态势良好。对此，我们要有充分的创新自信，有决心、有信心通过不懈努力充分发挥好我们的已有优势，取得更大的发展成就。同时，我们也要正视我们的短板和不足，牢固树立安全思维和底线思维，找出制约发展的关键问题，找准突破口，扬长避短，因势利导，采取更有针对性的措施，在发展的过程中逐步加以解决。

当前，我国已转向高质量发展新阶段。党的二十大报告首次专章阐述了"实施科教兴国战略、强化现代化建设人才支撑"，对"教育、科技、人才"作出一体部署，强调教育、科技、人才是全面建设社会主义现代化国家的基础性、战略性支撑，必须坚持科技是第一生产力、人才是第一资源、创新是第一动力，坚持教育优先发展、科技自立自强、人才引领驱动，深入实施科教兴国战略、人才强国战略、创新驱动发展战略，加快建设教育强国、科技强国、人才强国。这充分体现出以习近平同志为核心的党中央，对科技创新工作的极端重视，凸显了以改革促创新、以创新促发展的重要性和紧迫性。

我们坚信，在以习近平同志为核心的党中央的坚强领导下，我国科技界将继续深化改革、攻坚克难、勇攀高峰，奋力实现高水平科技自立自强，以高质量科技创新支撑引领高质量发展；一定能实现到2035年跻身创新型国家前列、到2050年建成世界科技强国的宏伟目标，为全面建设社会主义现代化国家提供强有力的科技支撑。

互动环节

问题一：我国提出建设世界科技强国的目标，这个"强"的标志是什么，我们该如何理解？

答：2016年，中共中央、国务院印发《国家创新驱动发展战略纲要》，明确我国到2050年建成世界科技创新强国"三步走"的战略目标。第一步，到2020年进入创新型国家行列；第二步，到2030年跻身创新型国家前列；第三步，到2050年建成世界科技创新强国。对于科技强国的指标，学术界做过一些研究，但每个研究成果可能都不完全相同。以作为科技强国的美国为例，他们有许多指标作为衡量标准，如基础研究指标、创新性指标、人才积累、对科技发展史的贡献等。对于中国来说，建设世界科技创新强国需要我们对标到2050年，那时中国应该在世界科技发展中站在第一方阵。中国提出科技自立自强，从这一点上来说，有三方面要求：第一，中国至少在一些关键核心领域拥有自主知识产权；第二，在几个大的主要领域中，中国科学家在国际上要有地位和发言权；第三，我国科技基础和条件能够为推进经济、文化建设，改善民生，提升国际影响力等提供强有力的支撑。

问题二：目前中国科技发展的短板在哪？

答：对于中国科技发展的短板，公众比较关注的主要集中在技术层面，比如光刻机、芯片等，这实际上是当前和短期的短板。事实上，我们不仅要关注短期的技术短板问题，还要从更长远、更基础的角度去考虑。在2020年9月11日召开的科学家座谈会上，习近平总书记强调："我国面临的很多'卡脖子'技术问题，根子是基础理论研究跟不上，源头和底层的东西没有搞清楚。"这实际上就是目前存在的显著短板，所以说要从更长远的层面进一步加强基础研究能力和原创能力。

问题三：面对日益加剧的国际科技竞争，我们还需要进行国际科技合作吗？

观点一： 对于国际科技合作，资源和资金是其中重要的一方面。天文科学研究是国际合作中最广泛的领域之一，全人类面对的是同一片天空、同一群星星，有着国际合作的天然基础。加上天文望远镜耗资巨大，如果不通过国际合作，仅靠一个国家的实力显然负担较重。比如当前多国共建的平方千米阵列射电望远镜，最后建成耗资将达百亿美元量级，而这只有通过国际合作才可能实现。做大型科学研究，需要使用的研究设备越来越昂贵，仅靠一国的经济实力来承担比较困难，因此国际合作是必由之路。

观点二： 加强国际科技合作，需要坚持科技自立自强，这也是国际合作的重要前提。如2016年中国发射了第一颗量子科学实验卫星"墨子号"。卫星发射以后，新加坡和美国也相继发射了几个简易版本的量子实验卫星。为什么称为简易版本？因为我国发射的"墨子号"有三个任务，但新加坡和美国的量子实验卫星的作用仅相当于"墨子号"卫星其中一个任务的一小部分，可以说中国在这一领域处在世界科技最前沿。随着"墨子号"三大既定科学目标的成功实现，奥地利、德国、加拿大、英国开始主动寻求与中国合作。这充分体现出科技自立自强的重要性。再如FAST的研制，开始时仅有我国参与，随着研究实力越来越强，信誉越来越高，国外研究机构也逐渐愿意跟我们合作。

问题四：科研评价机制改革，"破四唯"后该如何"立新标"？未来论文是不是不再重要了？

答：科技论文不是不再重要，关键是如何使用它。第一，作为基础研究成果，科技论文记载着科研进步的信息，科学家可以通过科技论文了解他人的工作，也可以互相学习。第二，基础研究成果一般是以论文的形式发布，可以体现优先权的问题。比如诺贝尔奖的评选，首先要看这个领域的工作是谁最先做的，论文最早是在哪里发表的，以此作为优先权的依据。因此，论文不会没有用，科研评价机制改革重点在于优化评价导向，如在院士评选、奖励评选或职称评审中要破除"四唯"。不"唯论文"不是说取消论文评价，而是不以论文的数量来论高低，关键是要看论文的原创性。

问题五：在科研中经常感觉到创新链、产业链、服务链三者之间不能很好贯通，断裂明显，请问从顶层设计角度有没有好的措施？

答：这是一个非常好的问题，也是长期被关注，或者说在某种程度上一直困扰我们的问题。一方面，科学家做研究是以兴趣驱动作为原动力，进而探索自然和生命的奥秘；另一方面，科学研究也需要坚持"四个面向"。

科学家将实验室成果变成产品，形成产业，在这个过程中，有一段时期是比较难的。因为实验室里做出的产品，一般很难马上运用到市场中，但是企业在接受研发的新产品时往往考虑短平快，还不希望有风险，这个矛盾该怎么解决呢？科学家往往会专注于产品的某一指标，就发表文章而言，这样做无可厚非，但对一个产品整体来说，仅一个指标很高是不够的。从这点来看，应该把研究需求与企业需求紧密结合起来。比如企业某个技术需求解决不了，科学家可能从科学和原理上考虑多一些，但工程师可能更多考虑工艺问题，由于各自的专业背景不同，解决办法的思路也会不同。因此需要科学家、工程师、企业家进行合作，不同专业背景的科技人才结合在一起，通过设置交叉学科来最终解决问题。这是解决问题的关键，同时也需要政府和有关部门把这些串起来。

中国科技会堂论坛第十五期
脑机接口与脑机智能

　　脑科学与类脑科学研究，是指以探索大脑秘密、攻克大脑疾病为导向的脑科学及以建立和发展人工智能技术为导向的类脑研究，是国家"十四五"规划和 2035 年远景目标纲要瞄准的七大科技前沿之一。脑机接口作为其中的重要组成部分，正迎来新的发展时机。脑机接口技术提供了一条通向人机融合的现实路径，为医疗救治、人体增强、军事作战、教育娱乐等带来了广阔的前景，但同时也存在着诸多技术、安全、伦理等方面的挑战。

　　那么，脑机接口与脑机智能究竟是怎样的技术？目前的技术水平发展如何，会给我们的生活带来怎样的改善？未来又会朝着何种方向发展？

主讲嘉宾

赵继宗

中国科学院院士，世界神经外科联盟（WFNS）执委，国家神经疾病医学中心主任，国家神经系统疾病临床研究中心主任。长期从事神经外科疾病的临床和科研工作。曾获国家科技进步奖二等奖3项、吴阶平医学奖。

吴朝晖

中国科学院院士，时任浙江大学校长，发展中国家科学院院士。长期从事计算机科学与技术、人工智能等领域研究。曾获国家技术发明奖二等奖、国家科技进步奖二等奖、何梁何利基金科学与技术创新奖等。

互动嘉宾

罗敏敏 北京脑科学与类脑研究中心联合主任，中国神经科学学会副理事长。长期从事决策奖惩相关行为的神经机制、神经编解码、抑郁症的发生治疗机制等领域研究。

> 主讲报告

脑机接口技术与临床研究

主讲嘉宾　赵继宗

2021年5月29日，习近平总书记在"科技三会"上指出："基础研究整体实力显著加强，化学、材料、物理、工程学等学科整体水平明显提升。在量子信息、干细胞、脑科学等前沿方向上取得一批重大原创成果。"并提出科技攻关要坚持问题导向，"要在事关发展全局和国家安全的基础核心领域，瞄准生命健康、脑科学等前沿领域，前瞻部署一批战略性、储备性技术研发项目，瞄准未来科技和产业发展的制高点"。

早在2016年，在"十三五"规划纲要中，我国已经将"脑科学与类脑研究"列为"科技创新2030—重大项目"。在随后发布的多项规划和报告中，人工智能已经逐步上升为国家战略（图1）。2021年，科学技术部

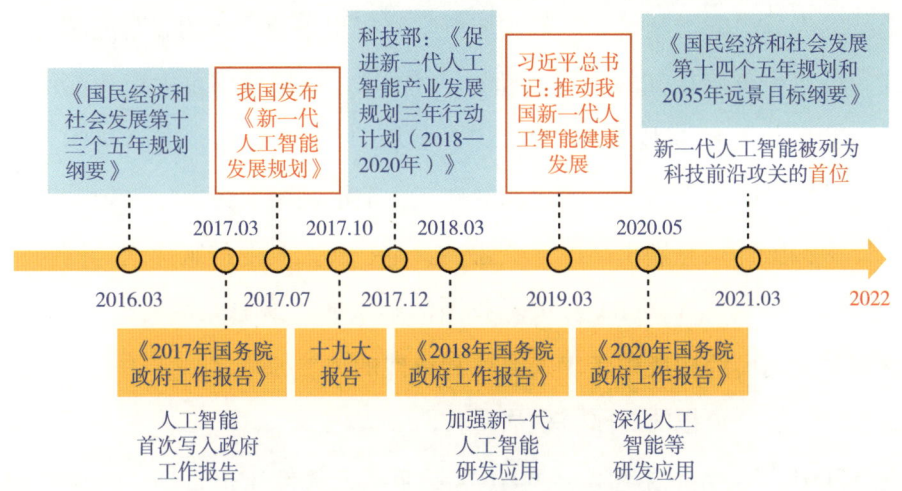

图1　人工智能已经上升为国家战略

发布科技创新 2030 "脑科学与类脑研究" 重大项目指南，其中涉及 59 个研究领域和方向，拨款经费超过 31.48 亿元。随后媒体报道中国脑计划历经 6 年筹划，终于尘埃落定。

我国脑科学研究的结构

2005 年 7 月，《科学》在创刊 125 周年之际，邀请全球几百位科学家共同归纳了 125 个最具挑战性的前瞻性科学问题，其中有 18 个问题属于脑科学的范畴，具体问题包括意识的生物学基础、记忆的储存与恢复、人类的合作行为、成瘾的生物学基础、精神分裂症的原因、引发孤独症的原因等。2013 年，美国 "推进创新神经技术脑研究计划"（BRAIN Initiative）公布，随后欧盟脑计划——人脑工程（Human Brain Project）和日本脑计划（Brain/Minds Project）也相继公布。

我国的脑计划最早于 2015 年 10 月 24 日提出，命名为 "脑科学与类脑研究"，至今仍然沿用。我国脑计划分为两个方向：一是以探索大脑秘密、攻克大脑疾病为导向的脑科学研究，二是以建立和发展人工智能技术为导向的类脑研究。各领域科学家提出了 "一体两翼" 的布局建议，即以研究脑认知的神经原理为 "主体"，以研发脑重大疾病诊治新手段和脑机智能新技术为 "两翼"。目标是到 2030 年，在脑科学、脑疾病早期诊断与干预、类脑智能器件三个前沿领域取得国际领先成果。

中国脑计划有别于美国、欧盟、日本、澳大利亚的脑计划，这与我国脑疾病的现状（表 1）有关。我国的脑疾病患病总人数居世界首位，脑重大疾病已经构成中老年人致死和致残的主要原因之一，约占我国疾病治疗经济总负担的 20%，位居首位。

2001 年世界卫生组织（WHO）发布的人类健康报告称，人类疾病共有 2 万种左右。其中与脑疾病相关的两类神经性疾病——精神疾病

表1　我国脑疾病现状

疾病名称	每年新发病例/万人	现有患者人数/万人	年均社会负担/亿元
脑卒中	200	700	1000
老年神经变性病	60	1000	1000
脑肿瘤	15	150	500
癫痫	45	900	472
合计	320	2750	2972

来源：中国生物技术发展中心，《中国现代医学科技创新能力国际比较》(2009)。

（如精神分裂症、抑郁症、痴呆、孤独症等9种疾病）和神经性疾病（包括脑瘤、脑外伤、脑卒中、先天性脑积水等13种疾病），占2万多种人类疾病总数的1.5%。虽然占比不高，但在医疗总负担中占比高达23%。脑神经性疾病存在着四大特点：第一，怪，有些疾病至今还不被了解。第二，难，有些疾病目前没有治疗药物和治疗设备。第三，缠，脑卒中、脑肿瘤虽不致死，但却让患者和家属非常痛苦，给社会带来了严重的负担。第四，惑，一些疾病病因不明。

我国在《脑科学与类脑科学研究计划》中提到，"对于临床疾病（损伤）造成的功能障碍的检测或开颅手术时的实时功能检测，是探讨人脑神经机制的重要途径"，而神经外科则是唯一一个能够直接面对患者大脑的学科，神经外科医生也是唯一能够直接打开大脑，直接研究大脑的医生。《脑科学与类脑科学研究计划》中还提道："依托脑手术患者资源，认识脑认知的神经环路结构、功能和机制……将有可能帮助实现与国际同行的错位竞争。"我国脑疾病患者人数处于世界首位，因而对脑疾病的预防、早期诊断和早期干预的研究极为紧迫，同时脑手术患者资源也为脑科学研究提供了最大的数据支撑。

20世纪70年代至80年代初，脑机接口技术处于发展的第一阶段——幻想阶段，脑机接口的概念被提出。20世纪80年代末至90年代末，脑机接口技术进入科学论证阶段，出现了实时且可行的脑机接口系统，定义了至今仍在使用的主要范式。21世纪以来，脑机接口技术开始进入技术爆发阶段，脑机接口发展成为一个研究领域，包括制定脑机接口的技术路线、发展各种各样的技术方法、推动脑机接口的应用等。

脑机接口是在人或动物脑与外部设备间创建的直接连接通路，不依赖于脑的正常输出通路（外周神经系统及肌肉组织）的脑—机（计算机或其他装置）通信系统。如患者截瘫或偏瘫时，大脑无法直接指挥肢体的各种运动，通过机器可将大脑中的信号发送到胳膊、腿还可影响视觉或听觉。1924年，德国精神科医师汉斯·伯格（1873—1941）首次发表脑电图（EEG）证明了脑波的存在，该理论是神经诊断学的基础，也是脑机连接技术的基础。

脑机接口中所使用的脑神经信号主要包括以下几种：P300（诱发电位）、视觉诱发电位、自发脑电（时间相关同步或时间相关去同步电位、皮层慢电位、自发脑电信号）、功能性磁共振成像（fMRI）、功能性近红外光谱技术（fNIRS）和脑磁图。

脑机接口主要分为两大类：非侵入式脑机接口和侵入式脑机接口。非侵入式脑机接口是通过在头皮上穿戴设备，以实现测量大脑的电活动或代谢活动。优点是无须手术，安全无创。缺点是空间分辨率低；受大脑容积导体效应的影响，传递至头皮表面时神经元电活动衰减较大；易被噪声污染，信噪比低等。侵入式脑机接口是经神经外科手术将采集电极植入大脑皮层或硬脑膜外，直接记录神经元电活动。优点是信号衰减小，信噪比和空间分辨率高。缺点是需经手术植入，技术难度大，有继发感染的可能性，一旦颅脑感染、电极故障或电极寿命结束，需取出电极，会造成二次损伤。

目前脑机接口在临床上应用广泛，包括脑卒中、偏瘫、脑肿瘤、脑外伤、抑郁症、帕金森病、孤独症、抑郁症、阿尔茨海默病等，都在临床上有所试验。

在 2014 年巴西世界杯开幕式上，开球嘉宾不是功成名就的足球明星，而是一名瘫痪少年。他凭借脑机接口和机械外骨骼开出了第一球（图 2）。2016 年 10 月，瘫痪男子内森·科普兰利用意念控制机械手臂和美国总统奥巴马"握手"，意味着瘫痪患者也可通过脑机接口实现恢复知觉。2017 年 4 月，脸书（Facebook）在 F8 开发者大会上发布了"意念打字"的项目，该项技术可通过接收脑电波实现"意念打字"，每分钟能打 100 个字，比用手打字快 5 倍。

图 2　2014 年巴西世界杯开幕式上身着机器战甲的截肢残疾者

我国的脑研究机构中，北有北脑——北京脑科学与类脑研究所，南有南脑——上海脑科学与类脑研究中心。2019 年 12 月 27 日，浙江大学成立了脑科学与脑医学学院，从生物医学和临床医学两方面培养交叉人员，并由医学、计算机科学与技术、生物医学工程等不同学科组成交叉研究团队，成立浙江大学双脑中心交叉研究团队。2022 年 1 月 16 日，浙江大学对外宣布"双脑计划"重要研究成果，其"脑机接口"团队与医学院附属第二医院神经外科合作完成国内第一例植入式脑机接口临床研究。

北京脑科学与类脑研究所推出了智能脑机系统增强计划方案，瞄准脑机接口科技前沿，聚焦关键器件和核心技术，重点突出原始创新和解决"卡脖子"问题，以智能脑机系统（"两芯一极"）为目标，为实现记录和控制双向交互和智能解码功能，开展前沿性基础、关键技术与核心器件"从0到1"阶段研究，打造全新的智能脑机系统。具体研究内容有脑机接口芯片、新型电极、类脑计算芯片等。

脑机接口技术临床研究

2021年1月4日，北京天坛医院神经外科意识障碍病区正式揭牌。意识障碍病区主要面向意识障碍患者，运用神经调控、脑机接口等技术，最大限度实现意识恢复、神经功能改善；针对意识与认知障碍患者，进行个体化精准意识水平的检测评估和以有/无创神经调控技术为主的综合治疗，以及功能康复。意识障碍病区的研究工作体现为以下三方面：在理论上，了解不同脑功能的发生发展机制，明确脑功能表征及意识相关环路特征，得到干预生物标记物；在方法上，建立针对脑损伤后患者的检测手段及分析算法，通过检测及调控实现意图输出及干预反馈；在临床上，基于脑机接口技术真正实现脑损伤患者的诊断、交流、调控及增强和神经环路重塑。

意识障碍患者，也就是所谓的"植物人"。"植物人"并不是全部都能苏醒，提前进行判断非常重要。通过影像学和电生理检查，并借助脑机接口可以判定患者意识水平。部分昏迷患者虽然无法对检查者的口头指令作出行为身体反应，但通过脑电波（EEG）可以检测到大脑的激活信号，这种现象被称为认知—运动分离。纽约哥伦比亚大学欧文医学中心团队通过前瞻性队列研究对此现象进行了探索，发现在急性脑损伤后有认知—运动分离的患者可以恢复得更早，恢复程度也更好。这一新的概念，从过去所统称的"昏迷"概念中区别出来。天坛医院"意识障碍病区"就是致力于帮助能苏醒过来的"植物人"，即慢性意识障碍患者，实现会说话、会拿瓶子、会拿筷子。

通过运用P300、稳态视觉诱发电位、运动想象等信号，脑机接口可以帮助意识状态较好的慢性意识障碍患者实现与外界的交流。例如，当受到一个固定频率的视觉刺激时，视觉皮层会产生一个连续的与刺激频率有关的响应。这个响应称为稳态视觉诱发电位，可用于脑机接口系统。相比其他信号（例如P300、运动想象），采用稳态视觉诱发电位的脑机接口系统具有更高的信息传输率，该系统和实验设计更加便捷，而且需要的训练次数也较少。稳态视觉诱发电位技术原理如图3所示。

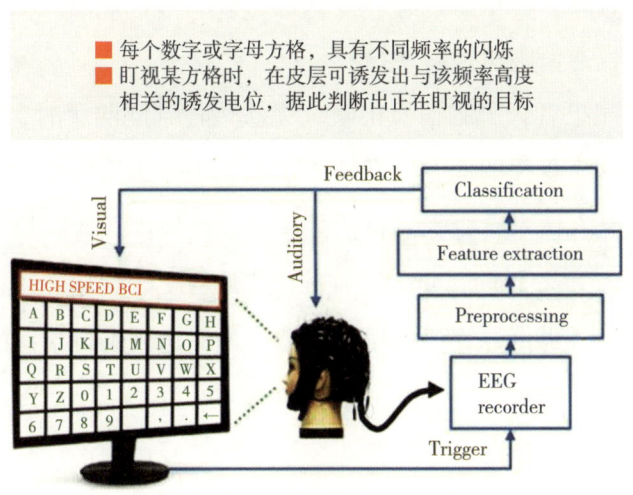

图3　稳态视觉诱发电位技术原理
（来源：天坛医院杨艺博士提供）

即便患者不会用胳膊、不会用腿、不会张嘴，也可以通过脑机接口来实现动作。目前认知—运动分离的患者，已经可以通过脑机接口实现控制机械臂、控制无人机等动作。一旦发现患者具有较高水平的意识活动，就不必继续使用电、磁刺激等来提升意识水平，研究人员将把重点转到加强运动功能或意识输出，即通过脑机接口产生运动意图感知并控制外骨骼机器人。因为脑网络中有很多功能相对独立的网络，通过主干通道和其他网络形成密切的信息交互，我们应着力解决在两个网络之间的连通，这对于慢性意识障碍的诊断治疗具有非常重要的影响。

2021年，美国斯坦福大学科学家克里希纳·谢诺伊团队建立想象手写英文字母脑机系统，效率达90字符/分钟，接近正常人打字效率100字符/分钟。英文可以通过键盘直接输入，而汉字的五笔输入、拼音输入则更为复杂。目前天坛医院王伊龙教授正在研究针对汉语言使用者原始手部书写轨迹作为自然控制指令的隐蔽通信脑机接口系统，针对汉字方正结构的特点，开发书写运动轨迹高性能解码技术。这项技术研究应用于去骨瓣减压术后颅骨部分缺损人群队列，无创采集脑电信号构建隐蔽汉语言通信脑机接口系统。

面对截瘫患者，大脑信号中断，无法传输到腿与手时，该怎么办？研究发现，瘫痪受损的地方，脊髓并非完全断掉毫无联系，还有一些桥的联系，只是人体不易感觉。目前的手段是在体内放置一块芯片，通过芯片将上面信号与下面信号实现沟通。芯片与腰、胸相连，将微弱感觉传送到计算机，再由计算机传送给大脑，最终达到脑机接口的作用。其中，高密度微创脑机接口系统示意图如图4所示。

脑机接口技术还可用于神经调控治疗。神经调控治疗是由外部设备或机器绕过外周神经或肌肉系统，直接向大脑输入电、磁、声和光的刺激等或神经反馈，以调控中枢神经活动。神经调控的手段有：脑深部电刺激、迷走神经电刺激、脊髓神经电刺激、骶神经电刺激等，可应用于治疗运动障碍疾病（如帕金森病）、精神疾病（如强迫症、抑郁症）及其他脑功能性疾病（如阿尔茨海默病）等的治疗。

帕金森病患者可通过药物进行治疗，但副作用较大。如果通过开环

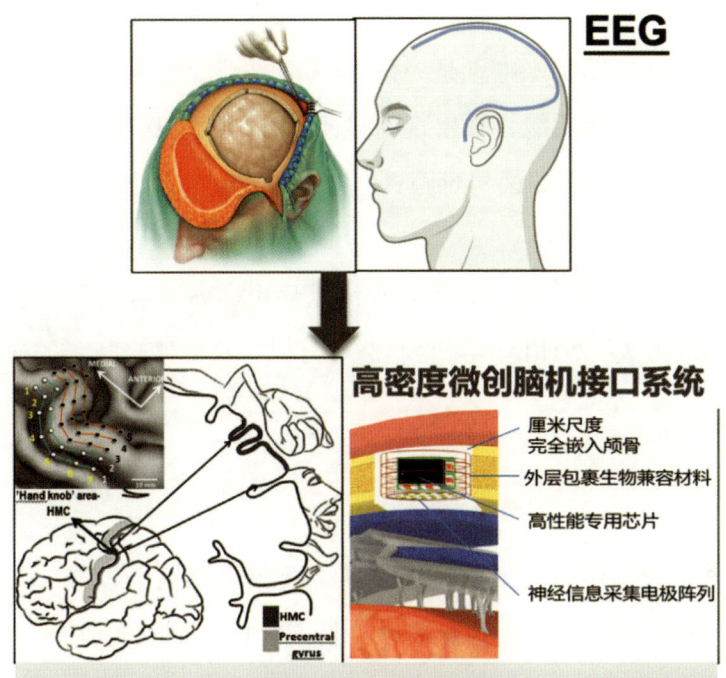

图 4 高密度微创脑机接口系统

式脑机接口,可以使帕金森病患者的相关症状在几秒钟或几分钟内得到很好的改善。历经 17 年研究,清华大学李路明、天坛医院张建国课题组自主突破核心技术,打破美国独家垄断,攻克了帕金森病步态障碍治疗、充电安全、电极断裂和远程控制等世界难题。其"脑起搏器关键技术、系统与临床应用"项目荣获 2018 年度国家科学技术进步奖一等奖。

对于阿尔茨海默病来说,面临难题更多,包括发病机制不清、药物治疗基本无效、严重威胁患者健康等,研究进展缓慢。目前主要以药物治疗为主,包括乙酰胆碱酯酶抑制剂、NMDA 受体拮抗剂等。2002—2012 年,针对阿尔茨海默病的 244 种临床试验药物中,只有 1 种最终通过审核进入市场,其药物失败率为 99.6%,比癌症药物失败率 81% 更高,且药物治疗不能缓解疾病进程,疗效不尽如人意。

1985年，腾博尔（Turnbull）等公开了世界首例脑深部电刺激治疗阿尔茨海默病的案例。患者是一位74岁的男性，患有中度阿尔茨海默病。虽然患者认知功能并未出现明显改善，但术后医学影像检查发现，脑深部电刺激侧不同脑区与对侧具有差异。这证实了脑深部电刺激的安全性和可操作性。

我国65岁以上人群中，阿尔茨海默病患病率高达4.8%，目前患者数量为600万人，2040年将达到2200万人。脑机接口技术的应用前景值得期待。

脑机接口临床转化展望

未来，脑机接口技术的发展方向主要集中在三个领域：高性能脑机接口、双向脑机接口、信息安全。目前脑机接口的通信速率仍较低，要在大脑与机器之间建立高效的信息交流通道，实现高效通信，高性能脑机接口是关键。双向脑机接口是指"从脑到机"（将脑信号转换成意图运动指令）与"从机到脑"（将与外部环境交互的设备捕获的感觉信息传递至大脑）的双向交流。在实现脑机接口应用的过程中，对脑活动数据进行有效安全的管理并制定相关标准规范，实现信息安全也十分重要。

清华大学洪波课题组和中国人民解放军总医院神经外科合作，通过术前功能磁共振影像精准定位目标脑区，只用3个颅内电极实现了微创植入脑机接口打字，速度达到12字符/分钟，每个电极的等效信息传输率达到20比特/分钟。

血管内深部脑刺激是指使用血管内支架进行脑深部电极刺激，以替代传统脑深部电刺激。通过前期临床研究，血管内深部脑刺激证实靶点的准确性和可操作性，已获得美国食品药品监督管理局批准上市。

2022年6月，南开大学人工智能学院段峰教授科研团队与上海心玮医疗科技联合研发，完成了国内首例介入式脑机接口动物试验：通过静脉将脑电传感器植入大脑运动皮质、视觉皮质等脑区后，神经支架膨胀，将电极挤压在靠近大脑的血管壁上，从而获取相应脑区信号。优点是不需要进行颅骨钻孔或开颅手术即可获得脑电信号，整个手术植入过程可在两小时内完成。

目前脑机接口临床应用仍面临着诸多问题与挑战。第一，分析脑机接口采集的数据非常困难。大脑内部有800亿～1000亿个神经元，每个神经元接收来自大约10000个其他神经元的连接，哪些信号有用，哪些信号没用，信号之间如何相互作用我们知之甚少。第二，如果采用植入式电极获取信号，需要进行开颅手术，存在手术风险，并且植入后的电极可能发生免疫反应或感染，电极周围形成神经胶质疤痕组织会使神经信号衰减。第三，如果采用非侵入方式，获取的脑电信号质量较差，容易受到外界干扰。第四，脑机接口的安全性。如果探测到一些伤害他人或对社会造成威胁的想法，是否应该采取相应措施，而个人隐私该如何得到保护。诸多此类问题使得脑机接口还面临种种挑战。

总而言之，脑机接口通过在脑与机器之间建立连接，可以替代、恢复、增强、补充脑功能，为脑功能损伤患者的康复带来福音。脑机接口临床应用目前还处于试验阶段，有许多技术和伦理问题尚待解决。随着脑研究的深入，未来脑机接口在医疗领域的应用前景广阔。而脑机接口的发展，需要加强"政、产、学、研、医"的通力合作及人才培养。所面临的诸多问题，也需要医师、科学家、工程师、伦理学家、政府监督机构和患者权益团体密切合作，才能共同推进脑机接口的健康快速发展。

> 主讲报告

从人工智能（AI）到认知智能（CI）：脑机智能的发展

主讲嘉宾　吴朝晖

关于人工智能的发展，有两个基本路径：一是充分发挥人工智能的赋能作用，在各种应用中发展人工智能；二是发展探索人工智能新模式，推动我国人工智能新一轮发展。习近平总书记在 2018 年中共中央政治局第九次集体学习讲话时曾明确指出，人工智能是新一轮科技革命和产业变革的重要驱动力量，加快发展新一代人工智能是事关我国能否抓住新一轮科技革命和产业变革机遇的战略问题。

人工智能的现状

目前，各国都高度重视人工智能的发展，竞相在国家层面进行顶层设计与战略布局。我国是较早将人工智能发展作为国家战略的国家之一。2017 年，国务院正式印发了《新一代人工智能发展规划》，从战略态势、总体要求、资源配置、立法、组织等各个层面阐述了我国人工智能发展规划。工业和信息化部进一步印发了《促进新一代人工智能产业发展规划三年行动计划（2018—2020 年）》，以新一代人工智能技术的产业化和集成应用为重点，推动人工智能和实体经济深度融合。2018 年，美国、英国、欧盟、日本、德国相继发布了人工智能发展国家战略。在企业层面，人工智能也成为战略必争高地。微软、谷歌、元（原名脸书）等都提出了人工智能发展战略。我国的百度、阿里、腾讯、华为等也纷纷重金投入人工智能研发及应用。其中，谷歌深度思考（DeepMind）

相继推出了阿尔法围棋（AlphaGo）、阿尔法折叠（AlphaFold）、阿尔法元（AlphaZero）等多项人工智能重要进展。AlphaGo是一套人工智能程序，充分利用人工智能深度学习模型，于2016年3月以4∶1的绝对优势战胜了世界顶级围棋棋手李世石。后来，谷歌在AlphaGo程序的基础上进一步推出AlphaFold，可根据蛋白质的氨基酸序列预测其三维结构，从而开创了结构生物学的生命科学研究新范式。AlphaZero是在AlphaGo基础上改装推出的程序系统。AlphaZero则不依赖人类的先验知识，也就是不对人类下棋的棋谱知识（除了棋类基本规则）进行学习，而是从零开始进行自我对弈训练，最终快速掌握了日本将棋、国际象棋和围棋这三种复杂棋类游戏，并战胜了最强对手。这些标志性成果把人工智能推向了一个新的高潮。

从全球来看，目前人工智能形成了中美"双雄"的竞争格局。美国的优势在于人工智能企业数量、投融资规模、专利质量等方面领先世界。中国的优势在于拥有全球最多的互联网用户、最活跃的数据生产主体，数据总量具有比较优势。总体来看，美国人工智能发展水平仍然明显较强，但中国也呈现出快速发展和追赶态势。

人工智能经过60年的发展历程，主要分为三个流派。第一个是连接主义，即采用神经元模拟人类的智能行为，特别是感知类的智能行为，如视觉、听觉、嗅觉；第二个是符号主义，即用符号推理研究人的智能行为，主要是人的高级智能，如推理、逻辑；第三个是行为主义，即通过控制进化的理论模拟人的行为，包括心理学。《自然》杂志在图灵诞辰100周年时发文指出，未来人工智能的一个重要发展方向就是脑机融合、协同工作，它是实现人工智能的一个重要途径。图灵奖获得者杰弗里·辛顿也认为，理解大脑运作方式是AI未来发展的重要出路。

脑机智能

从脑出发,借鉴人脑的信息处理方式构建虚拟脑,借助脑机交互实现生物脑、虚拟脑、机器智能等融合乃至一体化,形成的智能称为脑机智能。

从未来科幻的角度来看脑机智能,大脑智慧能够与强大化身"完全"合二为一。这个化身可以是生物体,可以是机械体,也可以是机械和信息的混合体,或者是信息和生物的混合体。期待未来大脑可以无缝操作强大的化身,如电影《阿凡达》中那样。

从科学的角度来看脑机智能,2014年巴西世界杯开幕式上,下身瘫痪的球迷通过脑控外骨骼机器为揭幕战开球;2019年,据《科学美国人》报道,加州理工大学研究人员让瘫痪患者通过控制机械手来喝啤酒;同年,加州大学旧金山分校在《自然》上发文称,通过解码脑电波建立脑活动与发声运动的关联,可根据探测到的大脑神经信号合成语音;2019—2020年,马斯克发布微型可植入神经芯片和超细柔性电极,并将其植入猪脑实现微创数千通道脑信号实时读取。以上进展表明,从科学角度看,解读大脑的神经信号是可行的。

从民生健康的角度来看,脑机智能提供了全新的技术手段,有望为全国数千万残障人士、失能老人的神经康复治疗、脑病精准脑机干预治疗等提供可能的解决方案。据不完全统计,我国肢体残疾人口总数约为2412万人,占残疾人总人口的29.07%。老年人中,失能者超过1000万人。过亿的精神/神经类疾病患者中,有20%~40%通过药物治疗效果较差甚至无效,精准脑机干预或在未来是一种重要治疗手段。

2021年,我国科技创新2030"脑科学与类脑研究"重大项目(即中国脑计划)正式启动,其中着重部署了脑机智能技术。欧盟、美国、日本、澳大利亚、韩国等均早已启动脑计划，纷纷部署"脑机智能"方向，全新赛道已然形成。2018年，美国商务部将脑机接口技术与人工智能、芯片等技术一起列入拟进行管制的技术目录，将脑机接口确定为一种对美国国家安全至关重要的新兴和基础技术。2021年，美国商务部工业和安全局再次就脑机接口技术出口管制征求公众意见，而我国是其进行出口管制的重要目标。

脑机智能的基本形态大致分为三类：第一类，感知增强类，提升混合系统的感知能力，如视觉、听觉、嗅觉；第二类，认知增强类，提升混合系统的认知能力，如记忆、学习能力的增强；第三类，行为增强类，提升混合系统运动、行为等能力。例如，视觉增强大鼠机器人（Rat Cyborg）是通过为大鼠植入芯片增强它的视觉，利用计算机进行图像理解、目标物检测识别、生物行为控制等，以实现大鼠在复杂环境下的侦察、探索、目标物寻找等功能。又例如，利用脑机接口对小鼠睡眠状态进行神经调控，通过光遗传学方法，有选择地调控小鼠基底前脑中的胆碱神经元，使小鼠从"觉醒"状态进入"睡眠"状态，或从"睡眠"状态进入"觉醒"状态。再例如，以脑皮层微电刺激为技术手段，帮助大鼠探索迷宫任务，即使屏蔽视觉、胡子触觉等，脑机融合大鼠在迷宫探索能力方面的表现依然比大鼠自身更好，展示了学习能力的增强。

浙江大学在人工智能领域的进展

浙江大学在人工智能领域深耕30多年，特别在脑机智能方面起步较早。2018年9月，浙江大学发布面向2030的学科会聚研究计划（简称"创新2030计划"）的首个计划——"双脑计划"（脑科学与人工智能），充分利用浙江大学的多学科优势，将生物智能（脑科学）和机器智能（人工智能）并在一起交叉发展，同时建设"信息+脑+医+理"

等交叉科研与工程队伍。在此基础上，2022年5月，脑机智能全国重点实验室获科学技术部批准建设，由6个双一流或A+强势学科与多所浙江大学附属医院等交叉会聚，开展脑机智能研究。

从国内外发展趋势来看，一方面，脑机接口实验对象从大鼠起步，已逐步发展到猴子，进而发展到临床。1999年，美国纽约州立大学实现了大鼠机器人运动控制；2008年，匹兹堡大学猴子脑控实现了三维运动和一维抓握；2019年，加州理工大学完成瘫痪患者脑控机械手喝啤酒。浙江大学经过多年努力，建立了4个脑机智能研究子平台，分别面向啮齿类动物、飞行类动物、非人灵长类动物、人体临床试验等。浙江大学实现了用人脑意念控制大鼠走街道、桥梁、隧道、沙漠等迷宫场景，并在中央电视台《挑战不可能》节目中登台亮相；实现了猴子通过意念控制机械手实现抓、握、捏、勾等精细手势；在一名高龄的高位截瘫患者脑皮层植入电极阵列，实现意念控制机械手的三维运动，完成玩游戏、喝可乐、吃油条、打麻将等（图5）。

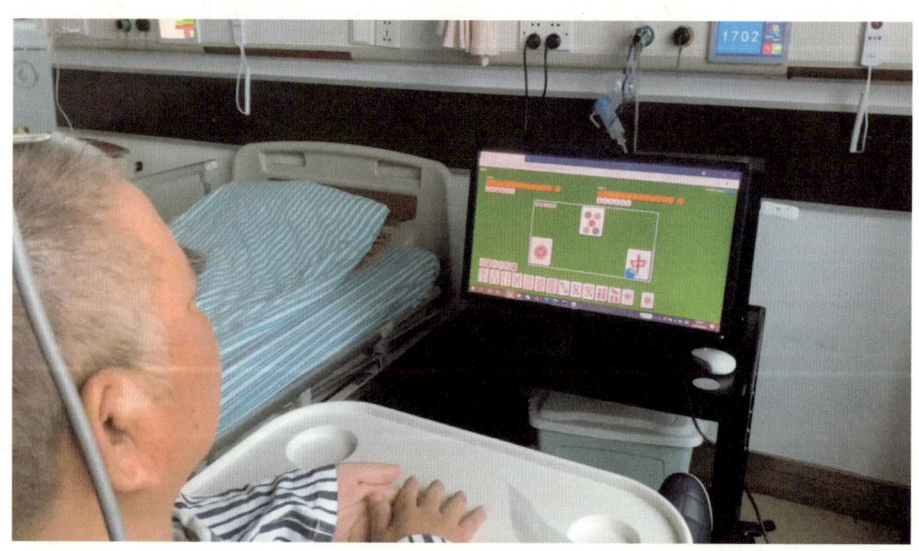

图5　高位截瘫患者用意念控制玩游戏

另一方面，脑机电极及芯片作为关键核心技术正沿着硅基—柔性两条主要技术路线持续发展。以犹他阵列（Utah Array）为代表的硅基阵列已成为行业基准，在过去20年里经过无数次改进，从百通道发展出千通道（1024）、从平直结构发展到倾斜结构，实现了在人类、猴子、鸟类、啮齿类动物、猫科动物和鱼类等体外和体内的反复验证，已通过美国食品药品监督管理局的临床认证。柔性电极阵列的柔性力学特性，使其具有更好的脑组织适应性、低伤害性，但植入不如硅基电极方便。近年来，浙江大学的相关技术也进展迅速。例如，自主研发的超柔植入式传感—调控一体化神经微电极实现了稳定脑电监测和光遗传控制。这种超柔光电一体神经微电极能够做到脑电监测大于4个月，刚度只有传统硅电极的万分之一。又如，自主研发的高精度同步记录—刺激闭环脑机接口芯片，支持刺激与记录超快速切换，以及同步高保真记录与精准电刺激。再如，成功研发了达尔文系列类脑芯片，并在此基础上研制出亿级神经元类脑计算机，支持脑机智能的神经拟态计算（图6）。

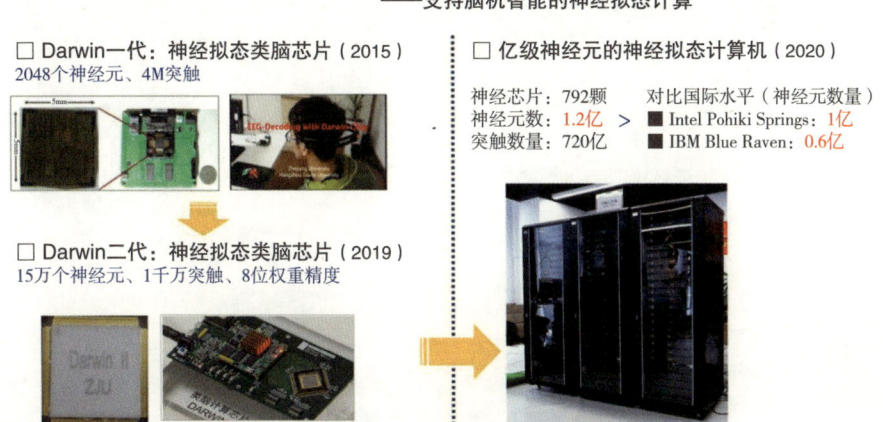

图6　从达尔文类脑芯片到亿级神经元类脑计算机

未来趋势

脑机智能的发展正逐渐走进现实：第一，脑机信息交互手段从以电为主走向电、光、磁、声等多手段的综合；第二，脑机智能逐步从行为增强到各种感知功能增强，乃至高级认知功能增强，将创造未来智能产业的新机遇；第三，脑机硬件往柔性、无线、微型化、高通量、低功耗等多种特性发展；第四，脑机智能将推动人机关系变革，超视觉、超听觉、超嗅觉等感觉增强，虚拟脑融合的全息态势感知增强，外骨骼行为增强，恐惧与焦虑等情绪缓解器之类的技术迅速发展；第五，脑机智能在精神/神经类疾病的诊断、治疗、康复等临床应用上的新技术发展，将开拓未来脑健康产业的新增长点。

互动环节

问题一：目前，脑科学能否更好地对"植物人"治疗作出决定？

答：随着脑科学技术的发展，神经影像和神经电生理监测技术也在不断进步，目前临床正在探索搭建一个对意识障碍患者的评估系统。这一系统能够非常客观地发现患者的残余意识和潜在愈后能力。我们建立了近500例患者的数据库，是目前世界上最大的意识障碍患者数据库之一。基于大量的数据，我们有望用模型来计算和评估患者在未来能够醒来的概率。

此外，我们还有望通过脑机智能技术将患者的语言和运动意识通过计算机输出，使患者与家人进行更好的交流。随着未来脑机接口技术的发展，这些患者的生存状态会得到改善，他们不再是传统意义上的"植物人"，而是成为"脑机人"，能够借助基于脑机接口技术的人机交互方式更好地生活。

问题二：脑机智能会窃取大脑中的知识吗？是否会取代科学家，带来的风险如何规避？

答：脑机智能要达到这样的水平需要发展很长的时间。在达到这一水平之前，政府层面可以制定法律，行业层面可以制定规则。我倒是并不怎么担心风险规避的问题。

问题三：脑机智能可否开发出有助于老年人健脑和有助于孩子增强记忆力的产业？

答： 从目前的水平来看，研究上还需要继续努力。记忆力本身来自大脑的神经活动，因此在未来通过脑机智能进行健脑与记忆力增强，从原理上看是可行的，但离真正实现还有较长距离。通过脑机接口帮助人变聪明，目前只能是一个理想或远期目标，要在短期内实现还是很困难的。

中国科技会堂论坛第十六期

卫星互联网——守护平安中国

导读

　　从模拟信号到数字信号，从4G到5G，互联网的飞速发展改变着我们每个人的生活。中国从1G空白、2G跟随，到3G突破、4G并跑，正当在5G领域取得领先地位之时，卫星互联网建设的挑战也迎面而来。

　　卫星互联网通过卫星组网为全球提供宽带网络接入服务，每颗卫星都是一个移动的基站，可实现全球网络覆盖无死角。将地面互联网拓展延伸到太空在经济和国防上具有重要的战略地位，已成为各国关注的焦点。由于卫星互联网必须使用有限的地球卫星轨道资源，随之而来的太空资源争夺战已经打响。

　　目前，我国正在积极布局卫星互联网建设，由于起步较晚，在国际环境中处于后发的不利地位，还面临着许多"卡脖子"技术难题。那么，中国的卫星互联网究竟该如何建设？又将面临怎样的挑战？

主讲嘉宾

尹 浩

中国科学院院士，军事科学院系统工程研究院研究员，中国通信学会、中国电子学会常务理事。长期从事通信网络理论方法、体系结构设计和技术应用等研究。主持完成多项国家和国防重点科研与工程建设项目，曾获国家级和省部级科技进步奖多项。

互动嘉宾

安建平 北京理工大学网络空间安全学院院长。长期从事空天信息网络与安全、空间信号处理技术研究与应用工作，为天通、北斗、神舟等多个国家重大工程提供了关键支撑。

汪春霆 中国卫星网络集团科技委副主任、卫星互联网系统高级副总师。长期从事卫星通信和卫星互联网技术研究，曾获国家科技进步奖一等奖、国防科技进步奖一等奖。

邹恒光 中国航天科技集团卫星型号总设计师。长期从事航天器系统工程、智能控制等技术研究与应用，为空间卫星通信从国土拓展至全球并组网运行作出重要贡献。

主讲报告

卫星互联网——守护平安中国

主讲嘉宾　尹　浩

随着网络和信息技术不断发展，未来通信系统开始向着更高更快更智能化的方向快速演进。由于技术和成本的限制，地面信号基站很难铺设到深山、荒漠、远海等地。于是，卫星互联网应运而生。2020年，我国首次将卫星互联网纳入新基建范畴，将其上升至国家战略性工程的地位。

卫星互联网的背景及概念内涵

一、从互联网到卫星互联网

地面无线通信，是指通信双方通过电磁波作为传输媒介进行信息交换的一种通信方式。信息交换不仅指双方的通话，还包括数据、图像、视频等业务。其中，利用无线电磁波来进行信息传输的移动通信，是地面无线通信的主要形式。

地面无线通信系统中，蜂窝移动通信与我们日常生活息息相关，也就是我们熟悉的1G到5G，包括正在开展研究的6G。1G是指第一代蜂窝移动通信系统，技术标准由摩托罗拉公司创造，最早用于第二次世界大战时期美军军方项目。1973年，摩托罗拉推出了世界上第一款手机，正式开启了1G时代。随之诞生的"大哥大"，使用的就是1G系统。1987年，摩托罗拉公司在中国北京设立办事处，"大哥大"被正式引进中国。1987年11月，在广东省举办的第六届全国运动会上，1G系统开通并正式商用，我国由此迈入1G时代。

从 20 世纪 80 年代 1G 正式商用，到 90 年代 2G 数字化，到 3G 开启移动互联网序曲，再到 4G 进入移动互联网时代、5G 迈入万物互联时代，我国地面无线通信系统历经了 40 余年的发展历程（图 1）。1G 空白：当时我国只能整系统购买英国的制式。2G 跟随：我国没有国际标准话语权，只能按照国际标准仿制设备、研制终端和基站设备。3G 突破：我国拥有了自己的 TD-SCDMA 标准（又称 TDD 双工标准），但由于采用了美国高通公司的码分多址技术，每卖出一部手机，都要支付相应的专利费。4G 并跑：我国突破重大核心技术，提出并主导 TD-LTE 国际标准，与美国两分天下。5G 领先：我国在 5G 领域取得的专利技术成果居全球首位，而头部企业也因此遭到了美国疯狂打压。

图 1 地面无线通信发展简况

电磁波的特性是沿地面直线传播，受地球曲面和遮挡的限制，导致传播距离严重受限。因此，地面无线通信存在几个局限性：第一，必须将基站建在高处，尽可能减少基站之间的遮挡，以实现远距离传输；第二，大量偏远地区、荒漠、远海等区域很难建设基站，信号难以覆盖；第三，面对自然灾害和突发事件的应变能力不强。如在 2008 年汶川大地震期间，灾后初期地面移动通信系统和有线通信网络几乎全面瘫痪。据不完全统计，有16500余个基站受损，灾区所有电话线路全部中断。

那么，地面移动通信的难点该如何解决？英国空军雷达专家、科幻作家、科学家阿瑟·克拉克1945年在《无线电世界》杂志第10期上发表了《地球以外的中继——卫星能给出全球范围的无线电覆盖吗》一文，首次论述了利用"人造地球卫星"作为中继站来实现远距离微波通信的可能性。他提出卫星通信系统的设想：如果在地球静止轨道上发射3颗相互等距离间隔的同步静止轨道卫星，就可以组成除两极以外的全球通信网。也就是说，利用人造地球卫星作为中继站转发无线电波，从而实现两个或多个地球站之间的通信。卫星通信系统由卫星和地球站两部分组成，通信范围大，不易受陆地灾害影响，同时可在多处接收，能低成本地实现广播、多址通信，且电路设置非常灵活，可随时分散过于集中的话务量。事实证明，汶川地震灾后救援中，卫星通信确实发挥了巨大作用。当时处于震中的中国电信汶川分公司员工刘道彬，在地震中抢出一部卫星电话，于当天18点向外界发出了第一个求救信号。

那么，地面互联网是如何连接到卫星互联网的呢？

互联网是使用协议进行通信的全球互联网络的集合，将通信端点、节点和传输链路有机连接为网络。互联网最早起源于美国国防部的阿帕网（ARPAnet），用于保证战时指挥系统在部分指挥点被摧毁后，其他指挥点仍能继续保持联系和正常工作。最早的阿帕网只有4个节点，采用的是NCP协议，只有目的地以内的网络和计算机能够得到分配地址，是国防项目相关科学家、工程师使用的内部网络。后来，阿帕网开发并利用了TCP/IP协议，奠定了互联网的基础，解决了异构网络互联的一系列理论和技术问题。随着万维网（Web）和移动互联网的兴起，越来越多的异构网络也随之加入，真正形成了如今沟通全球的互联网，影响着我们每一个人的生活。

从最早因军事需求构建起来的美国阿帕网,到因蜂窝移动通信飞速发展带来的面向消费应用的移动互联网、面向产业的工业互联网,再到卫星互联网(图2),地面的主机之间究竟是怎么找到彼此的呢?

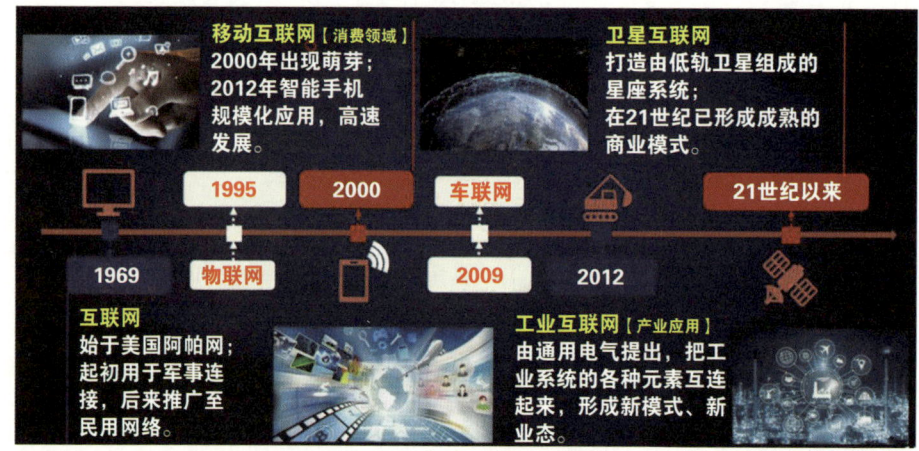

图2　从互联网到卫星互联网

对于用户来说,通信网络主要有两大主体功能,即以有线或无线方式接入网络中。有线方式通过光猫或光纤上网。无线方式是通过运营商的4G、5G等地面蜂窝网连接基站,或利用无线Wi-Fi上网。

对于网络来说,第一,要把用户以各种无线手段接入网络;第二,网络要使用户能够相互找到彼此,建立连接。为实现这一功能,互联网最伟大的发明就是IP标识寻址,即为互联网上每一个网络和每一台主机分配一个逻辑地址,也就是IP地址。IP地址是一个32位的二进制数,可以理解成是每个人的"电话号码"。由于数字不便于记忆,于是便发明了域名。域名是IP地址映射的一串字符,用于在数据传输时标识计算机的电子方位,可以理解为是"电话号码"所对应的"名字"(如***.com、***.cn)。IP标识寻址,则是域名服务器通过域名查询,找到对应 IP 地址并进行访问的过程。每一位用户因其唯一的 IP 地址，得以在互联网上被识别。

全球一共有 13 个 IPv4 根域名服务器，1 个为主根服务器在美国；其余 12 个均为辅根服务器，其中 9 个在美国，2 个在欧洲（英国和瑞典），1 个在日本。根域名服务器的作用，可以理解为 114 查号台。当我们通过一个域名访问一个服务器时，首先浏览器会到域名服务器中查询这台服务器的 IP 地址，然后电脑通过 IP 地址找到这台服务器。而根域名服务器就负责存储每个域内的域名服务器的地址信息。

如今，大量的异构网络系统都是按照这种寻址方式连接的，在 IP 标识寻址体系下找到彼此，建立通信。其接入方式多样化，包括光纤、网线、ADSL 等固定接入和 4G、5G、Wi-Fi 等移动接入。由于受地面通信网络的条件制约，目前全球移动互联网仅能覆盖到陆地表面积的 20%，有 30 亿人口仍无法接入互联网。对于我国来说，即使三大运营商竭尽全力，覆盖的区域也仅占 30% 左右，许多沙漠、戈壁、边远区域都未能覆盖，也就是我们常说的没有信号了。卫星通信网络可以有效解决这些问题。

二、卫星互联网的概念内涵

关于卫星互联网（图 3），学术界尚且没有一个统一定义。通常是指在低轨高密度卫星网络的背景下，天基通信基础设施与互联网耦合的产物。它由卫星、宇宙飞船等空间飞行器作为节点，将地面互联网拓展延伸到太空，把海洋、沙漠、边远地区等用户接入进来，建成天地融合的信息网络基础设施，从而为陆、海、空、天各类用户和传感器提供广域覆盖、高速传输、异构互联以及移动和固定接入等信息服务，实现天地万物互联。

目前，主流的卫星通信系统可以分为两类，分别是近地轨道卫星系

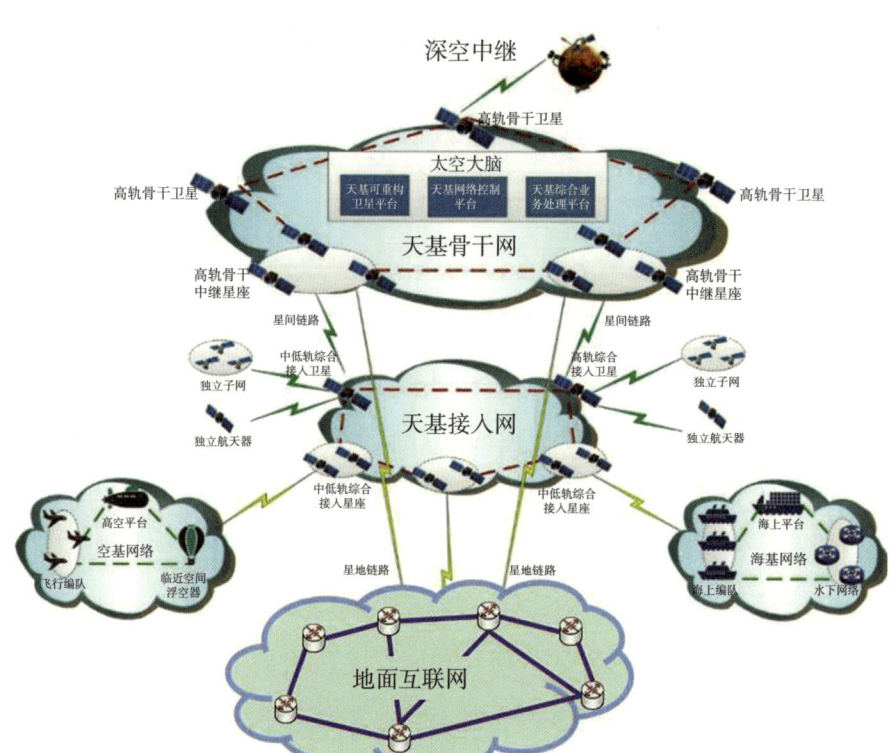

图 3 卫星互联网

统（LEO）和地球同步轨道卫星系统（GEO）。近地轨道卫星系统：大量卫星运行于低轨，采用星上处理和星间组网技术，相当于把地面的基站搬到了星上，通过卫星对通信信号进行处理和再生。星链（StarLink）、一网（OneWeb）、中国星网就是典型的近地轨道卫星系统。地球同步轨道卫星系统：卫星运行于高轨。星上主要采用透明转发技术，即卫星不对通信信号进行再生和处理，只是进行放大和变频等。中星（ChinaSat）通信卫星、亚太卫星是典型的地球同步轨道卫星系统。2020 年 7 月 9 日，我国首个全球高通量宽带卫星系统的首发星——亚太 6D 通信卫星在西昌卫星发射中心由长征三号乙运载火箭成功发射。

近地轨道卫星系统的优势是通信成本低、容量大、时延小，劣势则是需要大量卫星组成星座。地球同步轨道卫星系统的优势是所需卫星少，3~4颗卫星即可实现全球覆盖，劣势则是卫星成本高、时延大、容量低等。因此，目前主流采用的是近地轨道卫星系统，实现全球覆盖通常需要几百颗、上千颗卫星。美国太空探索技术公司的"星链计划"设计发射4万多颗卫星。

卫星互联网的构成主体一般分成三类：一是空间站，由各类通信卫星组成；二是控制段，对卫星本身的姿态、供配电系统的健康状态以及卫星载荷资源进行管控；三是各类用户终端，包括信关站、地面互联网连接以及各类舰载、机载和手持的终端。

三、卫星互联网发展历程

卫星互联网的发展经历了六个重要阶段（图4）。

第一阶段，概念提出与早期试验阶段。1945年，英国科学家阿瑟·克拉克提出3颗地球同步轨道卫星实现全球通信的设想。1957年，苏联成功发射了世界上第一颗人造地球卫星。美国不甘落后，在1958年也发射了人造地球卫星。

第二阶段，模拟卫星通信阶段。1964年，美国利用第一颗地球同步轨道通信卫星实现了第18届东京奥运会电视信号的全球转播。1965年，Intelsat-1卫星入轨，第一代模拟卫星通信大规模应用。

第三阶段，数字卫星通信阶段。1980年，数字传输技术大规模应用，甚小口径终端（VSAT）出现。1989年，Intelsat Ⅵ系列卫星采用数字调制技术、Ku频段可控点波束，首次采用星载交换时分多址技术。

第四阶段，窄带卫星组网阶段。1990年，摩托罗拉公司宣布实施铱星计划。1998年，全球星（GlobalStar）星座开始发射。

第五阶段，高通量卫星通信阶段。2004年，世界首颗高通量卫星Thaicom4发射入轨。

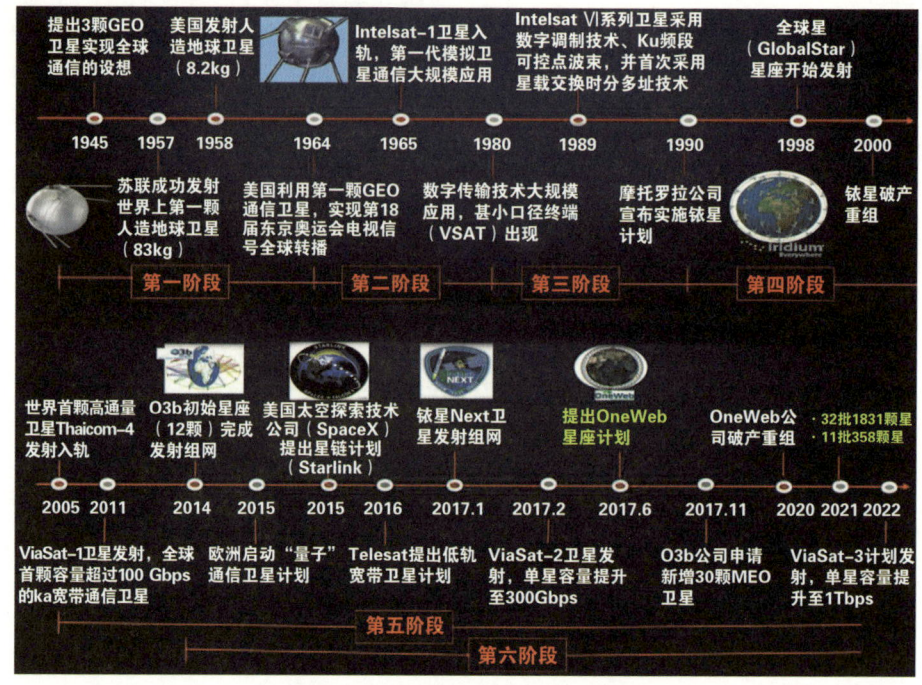

图 4　卫星互联网的发展历程

第六阶段，宽带星座组网阶段。2014 年，O3b 初始星座（12 颗）完成发射组网。

卫星互联网前期重点是发展低轨卫星，铱星计划是首个代表。20 世纪 70 年代至 90 年代末，摩托罗拉公司在通信电子领域处于绝对垄断地位。20 世纪 80 年代末期，冷战结束，"新自由主义"思潮推动全球化技术特别是通信技术迅猛发展。1987 年，天地网络都萌生出了全球化的趋势。当时，由于地面微波基站密度低，摩托罗拉"大哥大"通信质量差，掉线率极高，于是摩托罗拉的工程师提出了一个脑洞大开的解决方案："有没有可能把地面基站搬到天上？"他想设计一个由 66 颗低轨卫星组成的星座构型，来实现对全球包括南北两极在内的地面进行无缝覆盖语音通信和短信通信。铱星计划由此正式提出，1996 年开始试验发射，1998年投入运营。

遗憾的是，铱星计划生不逢时。正当铱星计划打算在全球建设推广运营时，地面蜂窝2G成熟了。当时整个铱星系统耗资高达50多亿美元，每年仅系统维护费就高达几亿美元，需要至少50万用户使用才能盈利，但铱星系统的用户最多时仅有5.5万户。1999年，铱星公司宣布快速破产，成为历史上最大的商业航天公司破产案。铱星系统似乎完美体现了摩托罗拉掌门人鲍勃·高尔文倡导的两条企业文化："不怕失败！"和"如果失败，速撤！"正是第一条促发了铱星计划的诞生，而第二条又直接导致了铱星计划的失败。

铱星计划开局不利，但美国国防部对其却青睐有加，强制通过一家民营企业将其收购。2007年，铱星公司破产重组，宣布了第二代"铱星计划"的构想。2017年，通过"猎鹰9号"运载火箭，首批10颗铱星被成功送入近地轨道，构想变成现实。2019年，耗资30亿美元打造的75颗卫星组网完成，二代铱星（Iridium Next）强势来袭。如今，铱星二代已然成为美军的"掌上明珠"，为政府及军方提供全球安全语音、广播、网络、战术通信系统（DTCS）等服务。目前服务客户包括美国国防部、司法部、国土安全部、商务部、应急部、交通部、国防信息系统局及刚成立的美国太空司令部。

卫星互联网第二个系统是OneWeb。OneWeb星座计划也是一个雄心勃勃的计划。OneWeb成立于2012年，计划通过发射648颗小卫星到低轨道以创建覆盖全球的高速电信网络，目前发射的卫星已经超过400颗。OneWeb宣称的使命是：终结"数字鸿沟"时代，为全世界所有人提供互联网服务。2016年，日本软银集团向其投资约1000亿日元。不幸的是，2020年，OneWeb也难以为继，宣布倒闭。随后英国政府和印度移动网络运营商巴帝全球（Bharti Global）帮助收购OneWeb，使其摆脱破产。OneWeb 的前期卫星主要由俄罗斯"联盟 2.1b"运载火箭进行发射。2022 年 3 月，伴随俄乌危机的升级，英国加强制裁，出于反制裁，俄罗斯拒绝继续为 OneWeb 发射卫星。2022 年 7 月，OneWeb 与欧洲通信公司（Eutelsat）合并，以印度航天局作为火箭发射商，力图对抗美国"星链"卫星网络。

"星链"是美国太空探索技术公司的一个项目，计划在太空搭建由约 4.2 万颗卫星组成的"星链"网络提供互联网服务。截至 2022 年 8 月 9 日，"星链"已发射卫星 3009 颗，其中在轨卫星超 2500 颗，占据全球在轨运行卫星总数的一半。

按照传统的一箭双星发射计划，即使全世界发射次数全部由星链计划占据，需要至少 70 年才能完成如此庞大的星座建设。但"星链"摒弃了传统的方盒形卫星平台，采用类似桶装薯片的扁平形堆叠式布局，充分利用整流罩空间，并首次采用以氪为工质的电推进发动机，实现了一箭 60 星的历史性突破。此外，美国太空探索技术公司还在火箭回收方面取得了重大突破，最早做出蚱蜢系列火箭，跳跃式发射，垂直降落回收。2021 年 3 月，"猎鹰九号"运载火箭又一次将 60 颗"星链"卫星送入太空，成为史上首枚 9 飞 9 回收火箭。

我国高度重视卫星互联网发展，党中央明确作出要组建中国星网集团重大决策部署。2021 年 4 月 28 日，中国卫星网络集团有限公司在雄安新区正式揭牌，"中国版星链"拉开帷幕，成为我国卫星互联网发展的里程碑。中国卫星网络集团有限公司的组建，意味着在国家统筹协调下，星网国家队将与民营资本一起推动产业链成熟，中国卫星互联网建设有望进入加速落地期。建设国家卫星互联网系统及组建星网公司，是全面建设社会主义现代化国家的重要战略支撑，也是我们从网络大国走向网络强国、从航天大国走向航天强国的重要使命担当。

系统架构与关键技术

一、系统架构

卫星互联网的系统架构分为天星地网和天网地网（图5）两类，两种方式各有利弊。

天星地网是由卫星作为中继转发站，网络部分都在地面，通过地面将卫星连在一起。卫星在无星间链路的条件下，将接收的地面数据直接转发至地面网络完成传输。这种方式较为快捷，无须组成卫星互联网，但必须在全球建设地面信关站，只有在用户和地面站被同一卫星覆盖时才能进行实时通信业务。美国"星链"的1.0系统就是采用这种方式，他们也正在全球各个国家为星链寻找落地点。

天网地网则是卫星间有星间链路，信关站有地面网络，数据既可经卫星转发，也可经星间链路转发。天网地网模式正是利用卫星和地面网络的优势，实现天地融合和优势互补。优点是无须在全球建设落地的信关站，但对星上处理能力要求很高。

那么，用户如何通过卫星互联网来上网呢？其中涉及几个关键概念。

用户链路是指通信卫星与用户终端间的通信链路。由用户发送信号至卫星，称为用户上行链路；由卫星发送信号至用户，则称为用户下行链路。用户链路类似于移动通信中手机与地面基站的连接链路，用于用户的数据传输。低轨卫星用户链路损耗小、时延小，可以采用微型或小型天线和手持用户终端。

馈电链路是指卫星与信关站间的通信链路。馈电链路作用于地面段，包括信关站、网络管理中心、互联网接入等功能实体。馈电链路将天基网络中的信息汇集起来集中传输，如同支流汇入干流一样。卫星和信关站间通过使用馈电链路上传输的坐标系控制信息，实现点对点连接。

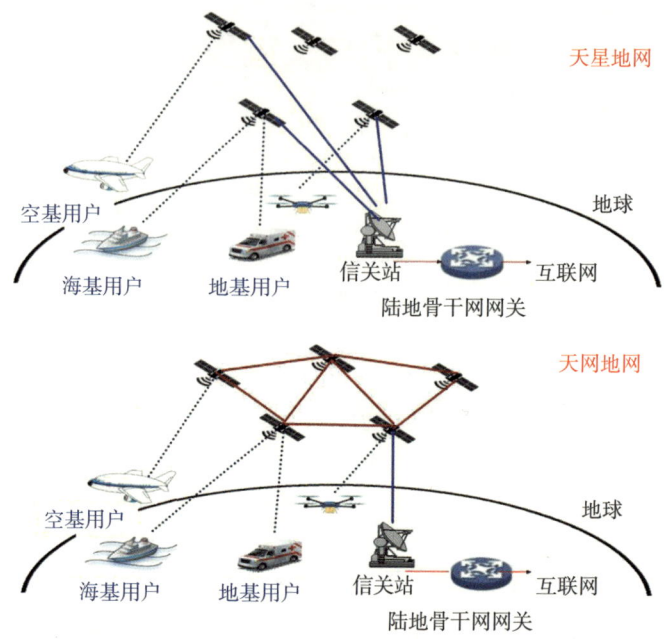

图 5　天星地网与天网地网

用户通过卫星互联网上网，首先要有一个任务发起，即地面终端通过 DNS 查询目标服务器 IP 地址，发起上网的外部请求（http 请求）。随后进行无线接入，即地面终端通过用户链路将数据包发至卫星。紧接着进行星间传输，基于目标 IP 地址，通过星间链路，采用最优路径算法进行路由寻址。卫星通过计算寻找目标地址就近的信关站，将信号发至信关站。然后建立连接，信号落地并通过 TCP 或 IP 建立终端与服务器的连接，最终完成响应。

二、关键技术

在系统架构中，主要涉及四方面的卫星互联网关键技术：传输、组网、管理、安全。传输，即信号无线电波的传输，是实现地面设备接入卫星互联网的第一步，其中多址技术和信道编码尤为关键。组网，是卫星互联网的第二步，其中组网规划将实现天基骨干网与天基接入网的高效协调运作。管理，是实现地面设备接入互联网的第三步，通过网络运维技术保障卫星互联网的正常运行。安全，是实现地面设备接入卫星互联网的第四步，要求空间通信实现安全、隐蔽、稳定的卫星通信。

传输环节是指卫星平台或地面设备发射无线电磁波，在电磁环境中通过连续折射或反射，由发射点传播到接收点。由于无线传输存在着多径与电磁干扰，需要依靠信号纠错来进行抵抗，即信道编码技术。开放的传输环境存在多用户同时通信的情况，需要对用户进行区分，即多址接入技术。信道编码技术能够起到抵抗数字信号衰落及干扰、提高传输可靠性，进而实现数据纠错的效果。多址接入技术给每个用户的信号赋以不同的特征，以区分不同的信号流。从1G到5G，多址接入一直是无线通信的关键技术。目前5G已经实现百万级别的用户连接，多址接入技术在其中起到了区分用户、避免碰撞、提升多用户接入能力的作用。

在传输组网环节，最重要的是路由寻址技术，通俗来说就是卫星互联网用户如何在卫星互联网间找到彼此的技术。天星地网的系统中，寻址在地面网络完成。天网地网的系统中，除了地面网络的寻址，星上也有寻址能力。

运维管理技术是对接入网、卫星硬件设备、软件等事务的通信系统进行维护管理，以及对卫星平台进行维护管理的技术。我国通信系统维护的基本任务是保证卫星通信设备符合技术指标，迅速准确排除故障，在保证质量的前提下节省资源。

安全防护技术涉及两个层面：一个是系统安全层面，另一个是信息安全层面。系统安全层面的安全防护，是指在卫星互联网系统层面辨识隐患，降低风险至最小，使系统达到最佳安全程度，包括接入鉴权、系统边界异常识别、DDoS攻击抵御、构建空天地一体网络安全认证体系、构建安全标准等。信息安全层面的安全防护，是指保护卫星互联网传输信号不因偶然和恶意的原因而遭到破坏、更改和泄露，包括通过信源加密保障信息安全，以及实现星地开放信道下信息的保密、安全和可靠传输。

典型系统与应用场景

一、典型系统介绍

1. OneWeb

OneWeb 的星座布局设计包括 1200 千米高度的 6372 颗低轨道地球卫星和 8500 千米高度的 1280 颗中轨道地球卫星。2022 年 2 月，随着一批 OneWeb 卫星发射成功后，共有 428 颗在轨低轨道地球卫星。OneWeb 卫星星座放弃星间链路的设计，在全球布设共 44 个关口站将卫星联网。单颗卫星可产生 16 个波束，覆盖范围 1080 千米 × 1080 千米，实现多重覆盖。OneWeb 的单颗卫星容量约 7.5 千兆比特/秒，可为终端提供上行 50 兆比特/秒、下行 200 兆比特/秒宽带接入服务，整个星座容量可达 5 太比特/秒。

OneWeb 单个卫星重约 147.5 千克，采用"太阳能板 + 锂离子电池"供储能系统，推进系统为可靠的氙气电推进。单个卫星在轨工作寿命约 5 年，失效后通过氙气电推进系统在 5 年内将轨道近地点降至 200 千米以下，最终坠落大气层中烧毁。OneWeb 卫星特别设计了"渐进倾斜"技术，通过改变卫星俯仰，逐步倾斜卫星波束，避免与地球同步轨道卫星的频段发生干涉。

由于 2020 年年初的破产保护事件，OneWeb 卫星星座原计划在 2021 年完成的 648 颗卫星部署计划推迟到了 2022 年年底。按照美国联邦通信委员会（FCC）的要求，OneWeb 公司在 2026 年 8 月之前至少需要部署一半数量的卫星，在 2029 年之前需要完成整个 OneWeb 卫星星座的部署。完全部署后的 OneWeb 卫星星座将成为覆盖范围最广（包括高纬度及北冰洋地区)、卫星覆盖密度最高的低轨商业通信卫星系统。

2."星链"计划

"星链"计划在星座部署方面，共计划部署4.2万颗卫星。美国太空探索技术公司规划了StarLink Gen1和StarLink Gen2两代StarLink星座。Gen1星座计划部署1.2万颗卫星，已经获批。Gen2星座计划部署3万颗卫星，还在申请中。在服务能力方面，"星链"系统已在全球部署共计150个信关站，主要分布在南北美洲、大洋洲及欧洲地区。"星链"系统理论上支持400万用户，可提供50～150兆的无线接入，达到4G传输速率水平。未来的目标是达到1千兆比特每秒网速，比拟地面5G水平。"星链"系统目前已在全球36个国家和地区实现业务落地，提供互联网接入服务，全球用户超过40万户，并计划于2023年将服务扩展到亚洲、非洲和中东地区。

在卫星迭代演进方面，从原型试验星到2022年5月在轨的最新版本V1.5，"星链"卫星已经完成了4次迭代演进。V1.5版卫星增加了星间激光链路载荷，每颗卫星重量提高到295千克。2022年6月，美国太空探索技术公司生产出第一颗V2.0版卫星，长约7米、重量超过1吨。V2.0版卫星通信能力比V1.0版卫星高出10倍，同时拥有更大的空间组网能力，为拓展其他信息服务提供了更好的基础平台。V2.0版星间采用激光连接，最大限度地减少时延，同时有助于覆盖到极地地区。

由于荷载容量更大，卫星出现了脱轨的问题。2020年3月，"星链"第六批卫星发射入轨，其中有2颗未能进入预定轨道，据猜测可能是电源系统或推进系统故障所致。2022年2月，"猎鹰九号"发射了第36批次的49颗"星链"卫星。然而，这批卫星在发射第二天就遭遇了地磁风暴的严重影响，其中有40颗坠落地球，这也是有史以来最大规模的卫星集体坠落事件。

3. 国家卫星互联网工程

我国的卫星互联网该如何发展？目前的态势只能是空间多层组网，发挥"高、远、广"的优势，进行开放互联。目标是建设全球覆盖、随意接入、按需服务、安全可靠的中国特色卫星互联网。我们必须强调自主创新，设计中国特色卫星互联网架构体系，确保自主可控、安全可靠。发展路径分两步走：第一步，建成一个"小而精"的最简系统，满足国家全球通信基本需求；第二步，实现能力扩展，成为全球卫星互联网的重要力量。

二、典型应用场景

1. 服务国民经济社会发展

卫星互联网应用于智慧农业建设，可以加快推进空天地数字农业管理系统和数字农业农村建设，在作物种植面积监测、作物产量预测、农田土壤成分检测和农业灾害监测方面实现数字化。卫星互联网与智慧海洋融合发展，打造立体化的海洋信息服务系统，实现海上信息网无盲区覆盖，破解信息孤岛，助力发展海洋经济，建设海洋强国。此外，卫星互联网还可助力实现未来智能网联、车路协同乃至全自动驾驶，加快构建高效安全的智慧交通体系。卫星互联网通过无所不在的实时通信和纵深宽广的全空间无缝覆盖，真正实现人与万物的泛在互联。目前我国发展的首个 Ku 频段全球高通量宽带卫星系统已经能够提供这样的服务。亚太 6D 通信卫星正是该系统的首发星，是一颗主要采用 Ku 频段通信的地球静止轨道高通量卫星，系统速度最高超过 220 兆比特 / 秒，具备空地互联网服务能力的机队规模达 96 架，为约 24 万个航班、800 万人次旅客提供了空中互联网服务，航线覆盖了全部国际远程航班及国内重点商务航线。在机队规模、航班数量和用户人数上，"空中互联"均实现了亚洲领先。

2. 服务国家现代治理体系

卫星互联网在公共安全、数字政府政务应用、应急响应、全球战略方面，均有成效。在公共安全方面，依托卫星互联网广域无缝的通联能力，可以实现社会安全综合治理与立体防控，对重点人物进行筛查匹配，对群体性突发事件进行精准预警与应急处理，对边远地区实现天基风险监测与快速响应，实现公共安全态势综合预警，助力社会治理智能化业务决策。在政务应用方面，可利用卫星互联网的互联化、物联化、感知化、智能化的监管手段，实现需求智能响应，推动政务服务便捷高效。在应急响应方面，利用卫星互联网广域全天候覆盖，建设全国一体化应急通信无线专网，以提升国家应急通信保障能力。如2021年河南水灾发生时，天通卫星业务就全力保障医院转移调度卫星通话畅通，及时安全转移了11350名患者。在全球战略方面，通过卫星互联网，可实现全球化、先进化、客观化的应急机制，保障海外利益安全。此外，通过卫星互联网，还可实现网络化、自动化、智能化边防建设，促进边境安全，从而构建一个强大稳固的边海空防体系。

3. 服务国防军事领域

在军事战争方面，卫星互联网系统助力应对以空袭为主的现代化战争，实现陆海空天部队协同作战，使作战战场向大纵深、高度立体化方向发展。在局部冲突方面，卫星互联网可为打造数字化、无人化、智能化攻防环境，为打赢智能化作战提供重要支撑。在海外维和方面，通过卫星互联网，可实现实时化、全面化、精准化通信监测，以保障警务安全，统一高效地提供公共安全保障。

卫星互联网的态势与演进

当前，卫星互联网因其日益凸显的国家战略地位、潜在的市场经济价值和稀缺的空间频轨资源成为全球各国关注的焦点。美国、俄罗斯、欧盟等起步早并部署多年，星座建设已初具规模，在网络发展上仍然保留有话语权。卫星互联网对我国国防发展与安全具有重要作用，需要我们积极把握主导权。

党的十九大报告指出，从航天大国和网络大国发展为航天强国和网络强国是社会主义现代化强国建设的题中应有之义，需求非常迫切。卫星通信一方面带来方便便捷，另一方面也带来管制困难，信息安全遭受挑战，亟须以空间组网的方式搭建卫星互联网系统，构筑我国太空高边疆。

在技术层面，相较于地面通信系统，我国的卫星互联网面临更加严峻的"卡脖子"问题。第一，技术指标落后，在系统传输速率、接入能力等通信性能指标方面，距离国外先进的卫星通信系统还存在代差；第二，产业链能力弱，我国自主生产的星载天线、星载处理器、功率放大器等核心元器件性能较弱，先进元器件面临禁运的问题。我国自己的核心和基础软件能力相对薄弱，自主创新能力亟待加强。

卫星互联网是构筑我国太空高边疆，实现网络强国、航天强国战略目标的重要依靠，对我国经济社会发展、社会治理体系、国家安全都具有极其重要的意义，必须加快突破关键技术、构建主体功能、提升国家能力，自主建设全球覆盖、随遇接入、按需服务、安全可控的中国卫星互联网。

愿景美好，任重道远！

互动环节

问题一：美国"星链"计划会对我们的国家安全造成影响吗？

答： 美国"星链"计划带来的威胁有三方面。第一，信息安全角度。"星链"计划建成以后，我国上空也会有"星链"卫星，很多信息就容易通过"星链"被泄露。第二，导航角度。过去导航可能要几分钟才能启动，但用"星链"卫星辅助导航可以达到秒级。过去全球定位系统（GPS）的导航精度在米级，用了"星链"卫星辅助导航可以达到分米甚至厘米量级。所以当我们面临作战威胁时，"星链"可以用相当便宜的制导方式来对我们造成威胁。第三，卫星本身角度。"星链"有许多卫星，本身就可以当作攻击性武器来使用，如撞击我们的卫星。

"星链"计划对国家安全的影响还应该从两个角度来看。一方面，要看到它带来的威胁；另一方面，也要看到它的脆弱性，因为它毕竟是一个商业卫星系统。

问题二：在轨卫星资源不可再生，我国如何在布局卫星互联网的同时，做好资源储备工作？

观点一： 根据国际电信联盟的规定，卫星频率及轨道使用权采用"先登先占"的规则。我国已经意识到了这个问题，工业和信息化部正在代表国家将我们所需占据的卫星频率和轨位上报国际电信联盟，进行登记申请。另外，由于许多小国上报后多年不发射卫星，国际电信联盟组织也出台了时间限制方面的规定，防止各国跑马圈地。我国目前是两步并行，一边申请，一边在相应轨道发射实验卫星。

观点二： 2019 年，国际电信联盟出台新的规定，要求各国在申报卫星轨道 7 年内，第一年发射量必须达到申报量的 20%，第五年发射量必须达到 50%，第七年达到 100%，以保证申报优先权利。我国同样也必须遵守这个规定，否则轨位权利无法受到保障。目前我国申报了将近 3 万颗卫星，包括高轨、中轨、低轨各个轨道高度。美国太空探索技术公司则申报了 4.2 万颗。数量只是一方面，重要的是，我国由于申报时间较晚，在优先权上落后于美国，这给技术和设计带来了很多难度，这是我们所面临的现实挑战。

问题三：目前，国内民营资本进入太空互联网的情况怎样？

观点一： 未来，我们肯定要走商业航天的道路。我国成立中国星网公司，就是在运营模式上对商业航天的一个创新探索。星网公司只是一个运营商，真正进行设备研制、火箭研发、卫星研制的却是航天科技集团和其他民营企业。我们需要在国家体制下探索一条能够适合中国国情的，又快又好又稳健的商业航天的道路。

观点二： 我国很重视商业航天的问题。2014 年，国务院印发了《关于创新重点领域投融资机制鼓励社会投资的指导意见》，明确推进信息和民用空间基础设施投资主体多元化，尤其是鼓励民间资本参与国家民用空间基础设施建设。这就意味着中国航天的卫星、火箭、发射场、地面系统、应用系统中，除了发射场，其他系统基本放开。据统计，目前中国商业航天公司已经有 200 多家，涵盖除发射场之外的所有行业，包括火箭、测控、卫星制造、地面系统应用和终端等。

问题四：在卫星互联网领域，我国人才培养情况怎样？

答：在卫星互联网领域，高等教育做了很多工作。一方面，在专业设置上，卫星互联网专业建设已经非常热门。北京邮电大学、南京邮电大学等特色高校也都纷纷开设卫星互联网相关专业。另一方面，在人才培养上，国家已经开始直接进入学校招收相关领域的工程硕士和博士。招生时企业和高校一起面试，学生在学校学习理论课，在企业开展课题实践。

问题五：在卫星互联网的国际规则方面，我们面临着怎样的态势？

答：目前，卫星互联网和地面蜂窝通信技术不断发展，但在标准的成熟性和国际化方面，差距却很大。卫星广播有全球统一的认可体制，但卫星通信方面的国家标准屈指可数，更多只是一些企业标准。在这种国际大环境下，我们如何将卫星互联网纳入 6G，打造天地一体；如何掌握话语权，让中国方案得到世界认同，这些都值得我们深思。我们需要多做沟通联络，争取让我们的方案得到其他国家更多的理解和支持，当然这也要求我们自身的方案得过硬。

中国科技会堂论坛第十七期

低空智联网
——无人机产业的基石

导读

继"大陆世纪""航海时代""太空探索"等地理空间开发之后,低空逐渐成为人类经济活动的新空间。无人机作为开发利用低空资源的重要载体,已从过去主要用于军事领域拓展到物流运输、农林植保、遥感探测、公共安全、消费娱乐等新领域,人类将进入一个新的无人机时代。

无人机自 1917 年诞生以来,经过 100 多年的技术演进,已经发展成为网络环境下数据驱动的空中移动智能体,无人机产业由此成为数字经济的新兴产业。预计到 2035 年,我国无人机仅在物流行业的规模就将达万亿级别。无人机产业因其网络化、数字化、智能化的特点,需要在低空空域构建一个智能化数字网络体系,才能对其进行承载和管理。这个智能化、数字化的网络体系就是低空智联网,它不仅是无人机产业发展的重要基础设施,更是低空治理体系的重要抓手。那么,我们应该如何发展低空智联网?在发展过程中,又将会面临怎样的技术和现实挑战?

主讲嘉宾

樊邦奎

中国工程院院士,中国电子学会监事长。先后主持多型无人机侦察装备的研制,攻克无人机侦察体系建模、目标实时定位等多项关键技术。曾获国家科技进步奖特等奖、一等奖各1项,国家技术发明奖一等奖1项,国家科技进步奖二等奖5项等。

互动嘉宾

程承旗 北京大学先进技术研究院副院长、时空大数据协同创新中心主任。曾获国家科技进步奖一等奖、教育部科技进步奖一等奖等奖项。

朱衍波 民航数据通信公司首席科学家。长期从事民航通信导航监视、数字化协同管制等新航行系统技术研究。曾获国家技术发明奖一等奖、国家科技进步奖一等奖等奖项。

姜　梁 中国航天科技集团九院党委书记、副院长,兼任中国航天科技智能无人系统总体技术研发中心主任。长期从事无人系统总体技术研究。曾获国防科技进步奖一等奖等奖项。

主讲报告

低空智联网——无人机产业的基石

主讲嘉宾　樊邦奎

无人机是一种由动力驱动、机上无人驾驶、可重复使用的飞行器的简称。无人机系统一般包括无人机平台、任务载荷、数据链、信息处理设备、综合保障设备，是一种可以通过人工智能操作手控制或自主控制（未来是智能控制），能执行各种任务的系统。无人机最早由军用开始，当前正逐步应用于民生领域，未来将走向无人机时代。在无人机产业发展过程中，低空智联网将会成为非常重要的技术要素。

无人机概述

无人机最早使用的英文名字是Drone，字义是"嗡嗡声"。早期的无人机技术粗糙、噪声大、飞行高度低，当飞行时人们能听到一种嗡嗡的声音，于是无人机有了它的第一个名字Drone。早期的无人机多用于靶机，所以Drone曾经也是靶机的代名词。

随着无线电遥控和遥测出现，出现的遥控驾驶技术可对无人机进行远距离控制。于是，无人机在Drone的名字之后，又有了名字RPV（Remotely Piloted Vehicle，遥控飞行器），并一直沿用至今。

随着全数字导航与控制出现，无人机又被称为UAV（Unmanned Aerial Vehicle，无人驾驶飞行器）。这时的无人机不仅可被遥控，而且还可以预编程进行自主飞行，实现位置实时感知自主飞行，不需要人为进行操控。

随着网络技术大系统出现，无人机又被称为UAS（Unmanned Aircraft

System，无人飞机系统）。这种航空器一般指大的无人机，像有人机一样，在空中飞行时要取得适航证。并且，UAS 是一个系统性的概念，是一个包括飞机、遥控遥测、任务载荷、信息处理和综合保障的系统。

在无人系统发展的大背景下，无人机的名称变为在 UAV 后面加上 s，与无人车（UGVs）、无人艇（USVs）、无人潜航器（UUVs）等并列。一般来说，无人机现在被统称为 UAVs。无人机名称的演变如图 1 所示。

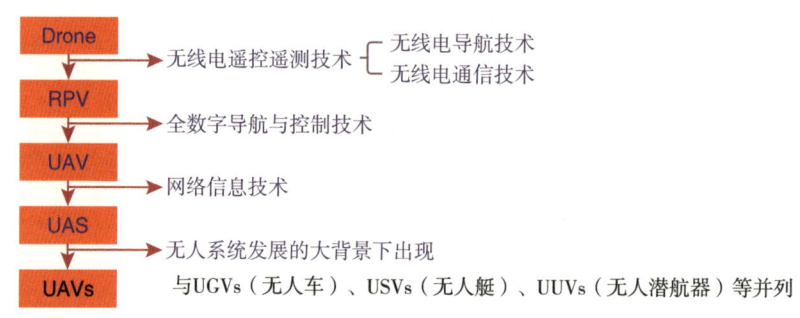

图 1　无人机名称的演变

1917 年，第一架无人机（图 2）在英国诞生，是由设计师杰弗里·德·哈维兰设计的。1921 年，第一架靶机出现，限于技术水平，到 20 世纪 50 年代末期，无人机一直被当作靶机使用。到六七十年代，美国在越南战争中首次使用无人机作为战场侦察机。无人机用于执行空中照相侦察任务，共出动 3435 架次，伞降回收成功率近 85%。

1982 年爆发的贝卡谷地之战中，以色列通过使用多种小型无人机（图 3）诱骗叙利亚地空导弹的制导雷达开机，进而获取到雷达工作参数和位置。通过短短 6 分钟的攻击，叙利亚苦心经营 10 年、耗资 20 亿美元的 19 个导弹阵地、228 枚导弹全部被摧毁。将无人机用于欺骗防空雷达的贝卡谷地之战，成为无人机在军事领域应用的一个标志性战争，也成为一个转折点。在此之前，人们认为无人机大多只能在战争中起配合作用，但贝卡

图 2　历史上第一架无人机

（a）"侦察兵"无人机　　　　　　（b）"猛犬"无人机

图 3　贝卡谷地之战中以色列使用的无人机

谷地之战将这一看法彻底改变了，无人机开始在军事领域被真正运用。

在 1991 年海湾战争中，实时图像传输型无人机首次被应用；在 1999 年科索沃战争中，侦察无人机首次被应用；在 2001 年阿富汗战争中，察打一体无人机开始被投入应用。之后，在美国发动的全球反恐战争中，察打一体无人机频频亮相，战功卓著。历次局部战争参战无人机对比如图 4 所示。察打一体无人机开启了一种新的战场打击模式——发

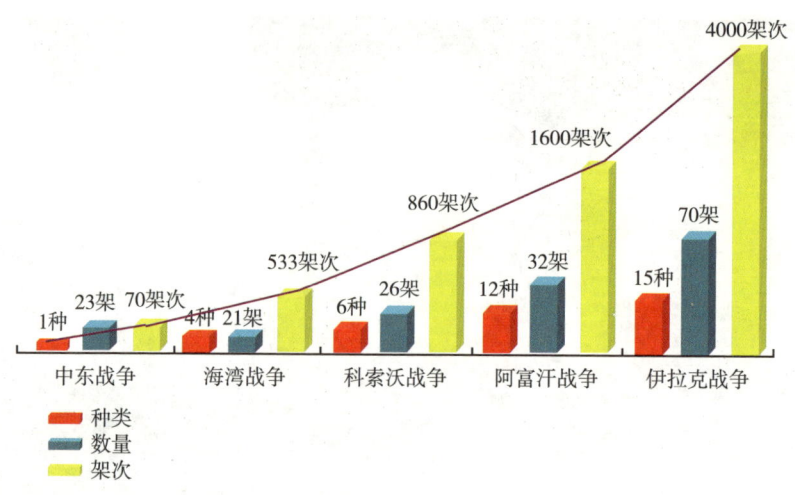

图 4 历次局部战争参战无人机对比

现即摧毁,侦察和打击一体化。随着所应用无人机的品种、架次急剧增加,全世界掀起了研制无人机的热潮。

无人机现状及发展趋势

从军事角度来看,无人机有 6 方面的发展趋势。

第一,以战场侦察监视和察打结合为主要目的,大力发展侦察与察打一体无人机系统。美军把无人机分为 4 类:小型、中型、大型和无人作战飞机,并对无人机的 18 个作战任务类型依次做了分析排序。排名位列第一和第二的分别是侦察和精确目标定位及指示,被认为是军事无人机的必备功能。目前,世界上已被列入军事装备的无人机中,有 80% 左右是察打一体无人机。

如今,各国都在大力发展察打一体的无人机系统。察打一体无人机系统有 4 种模式:一是引导打击。无人机在空中发现目标,并将信息传到指挥所,紧接着武器平台实施火力打击,无人机再将打击效果传到指挥所和武器平台,等待确认是否再次打击。这种方式非常有效,使火力的打击精度和打击效率都大幅度增加。二是察打一体。即把侦察和打击两种模式结合在一起，将武器打击模块嵌入侦察无人机中，实现"发现即摧毁"。三是反辐射攻击。即发现辐射源后，无人机携带战斗部直接撞击目标，进行自杀式攻击。执行这种模式的一般为反辐射无人机，这类无人机在启动攻击时，以几十架为单次数量小集群起飞，起飞后直奔辐射源。一旦辐射源开动，它们就开启自杀式攻击。如以色列"哈比"反辐射无人机，一次可发射几十架无人机。四是单兵自杀式无人机，又被称为单兵巡飞弹。即能够在目标区开展巡逻飞行，并实时获取目标位置，执行侦察和自杀式攻击的小型无人机系统。这种模式的无人机系统具有噪声低、成本低、单兵便携的特点，可以缩短攻击反应时间，甚至可以临时调整攻击目标，提高打击效率。机体结构采用折叠式，一般为筒式快速发射。美国有一个著名的武器叫"弹簧刀"无人机，又称为"弹簧刀"单兵巡飞弹，于2012年首次在阿富汗战争中被使用，受到美军高度欢迎。10年内美军消耗了4000架"弹簧刀"无人机（图5）。它像一个会拐弯、能自动跟踪和侦察目标的手榴弹，控制距离可达20千米。战争中，"弹簧刀"无人机成为"坦克杀手"，创造了单兵攻击的新模式。

图5　美国"弹簧刀"无人机

第二，以火力打击和无人机空中对抗为主要需求牵引，大力发展无人作战飞机。无人作战飞机是一种全新的空中武器系统，能够压制敌人的防空系统，实施对地攻击，甚至可以作为执行空中对抗的主战装备之一。现阶段，无人作战飞机的主要功能是实施防空压制和纵深打击。从20世纪90年代开始，美国抢先将其列入军事装备发展计划，引起各国的极大关注。例如，X-47B是一架试验型无人作战飞机（图6），由诺斯罗普·格鲁门公司开发，主要面向美国海军。它可以在航母上起飞和降落，可以实现空中加油。目前各国也纷纷开始研制无人作战飞机，如法国牵头欧洲六国研制"神经元"无人作战飞机，英国研制"雷神"无人作战飞机，俄罗斯研制"猎人"无人作战飞机。此外，运输保障类无人机（战略投送）也将步入战场。目前国外已经开展了类似无人机的试验测试。

图6 美国X-47B无人作战飞机

第三，以特种侦察为主要作战任务，大力发展微型无人机系统。微型无人机的指标是：尺寸不大于15厘米，重量在50克以内，速度不超过10米/秒，作战高度低于150米，续航时间大于15分钟，雷诺数小于10^5。如在阿富汗战争中广泛使用的"黑蜂"无人机，第一代产品重

18克，续航时间20分钟；第三代产品重32克，具备可见光和红外成像能力，可由一人携带和使用，美国、英国、澳大利亚、法国等国都已经装备。类似的还有很多，比如纸浆无人机（PULP Dronet）微型无人机，仅重27克，却搭载着顶尖的深度学习算法，能够有效规避障碍物，并进入室内空间进行侦察。又如只有手掌大小、外形如蜻蜓一般的扑翼式无人机，重量仅有5.5克，可以悬浮在空中，能以超过56千米/小时的速度飞行。再如哈佛大学开发出一款目前最轻的自主飞行机器人（图7），系统仅重259毫克，只需太阳能供电就能实现持续、不受束缚的飞行。

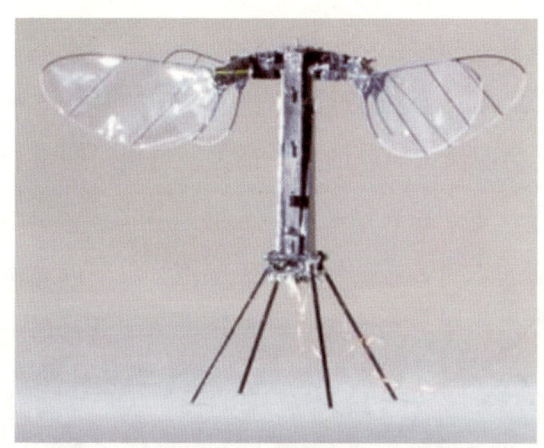

图7 哈佛大学开发的自主飞行机器人

第四，以集群作战为主要发展目标，大力发展集群无人机系统。2014年，美国智库"新美国安全中心"发表了题为《20YY年：为机器人时代的战争做好准备》的报告。报告认为美军具备三个绝对优势：高性能机动平台、精确制导武器、全球信息网络。同时还提出美军面临的四个问题：一是中俄等对手国家在上述几方面能力不断增强，美国的优势差距在不断缩小；二是武器装备研制、生产和运行维护成本高昂，不可持续；三是系统防护有短板，不利于与强敌对抗；四是人员成本高昂，预计占国防部预算的 46%（2021 年）。在此背景下，美国智库提出了应对策略，即无人化、集群化、智能化，当前正由美国国防部一步一步实施。如美国国防高级研究计划局（DARPA）通过"小精灵""拒止环境协同作战""体系集成技术和试验""分布式作战管理""进攻性集群使能技术"等项目分别攻克集群各项关键技术；美国国防部战略能力办公室（SCO）实施的"山鹑"计划，是目前最成熟的"集群"无人机系统，已经进行 500 余次试验；美国空军将无人机与 F-35 有人战斗机编队飞行，充当 F-35 前伸的传感器、射手和诱饵等。

第五，以新型动力技术为主要突破，大力发展超长航时或超高速无人机系统。超长航时指续航时间在 48 小时以上，我们通常利用太阳能、燃料电池、氢发动机、核动力等解决超长航时问题。"彩虹"太阳能无人机（图 8）是目前我国研制的尺寸最大、续航时间最长的临近空间无人机，核心关键技术和设备已经全部实现国产化。该机载重能力不亚于美国同类太阳能无人机，它的诞生标志我国临近空间太阳能无人机技术已经跻身世界先进水平。超高速指巡航速度大于 5 马赫，也就是音速的

图 8 "彩虹"太阳能无人机

5倍以上，利用火箭发动机、航空发动机和超燃冲压发动机，包括三种发动机的组合进行实现。

第六，以信息技术为核心，大力推进无人机系统智能化。近20年来，无人机技术飞速发展，主要是得益于信息技术的进步，包括飞控、导航、数据链、光电载荷、雷达载荷、信号载荷、信息处理等，再与飞行平台整合为一个系统，发挥了巨大的军事效益。如以色列的"苍鹭"和"搜索者Ⅱ"两型无人机，信息技术经费占比分别高达79%和89%。美军在《2017—2042年无人系统综合路线图》中提出了无人系统四大技术主题，包括互操作、自主性、安全网络、人机协同，都与信息技术密切相关，同时也是迈进智能化时代的方向。

无人机时代一定会到来

从1917年世界上第一架无人机诞生至今，经过100多年的发展，无人机已经在民用和军事方面取得了广泛应用。随着时代进步和技术发展，无人机正在迎来革命性时期，为我们开启一个全新的时代。

第一，无人机是交通范式的变革。在过去的发展过程中，航空飞行器是主要的交通范式。无人机的出现改变了这种状况。无人机是在网络环境下，由数据驱动，可执行各类任务的空中移动智能体。它是空中机器人，催生了新的业务生态和服务范式。目前，我国无人机企业年产300万架无人机，日飞行100万架次。据测算，到2035年，我国仅无人机物流行业产值将可超万亿元规模。

2022年8月12日，科学技术部、教育部、工业和信息化部、交通运输部、农业农村部、国家卫生健康委员会六部门联合印发《关于加快场景创新以人工智能高水平应用促进经济高质量发展的指导意见》，明确人工智能的高水平应用应当围绕高端高效智能经济培育打造重大场景，包括在农业领域优先探索无人机植保等智能场景，围绕安全便捷智能社会建设打造重大场景，在生态环保领域重点探索环境智能监测、无人机自主巡检等场景，在智慧社区领域探索未来社区、无人配送等场景。

农业植保作业场景包括土壤分析、种子种植、农药喷洒、肥料喷洒、作物监控、健康评估等。2020年，全国植保无人机保有量达到11万台，使用无人机后，农药使用从2016年每亩8元降低到2.5元，使用量降低了30%。

电力巡检场景中，国家电网与南方电网采用多旋翼无人机和无人直升机替代人工进行巡检。2018年，南方电网利用无人机进行巡检的线路长度就超过20万千米。此外，还可为无人机搭载激光雷达、高清可见光载荷、红外载荷等，从而标注细节故障信息，形成巡检线路的整体态势图。

交通执法场景中，无人机搭载相机、微光、抛投、喊话器、红外热成像、倾斜摄影等载荷，能够居高临下、大范围、快速、长时间地进行交通实况监视，与地面探头监视网络互相补充，进而实现区域管控，应对突发交通事件。

消防救火场景中，原来使用云梯进行高空消防作业，现在可利用无人机把水管直接带到空中，并引入电力，实现空中水炮。

无人机带来交通范式的变革，能做的事情还有很多，比如无人机增雨、公共急救、娱乐消费、反恐增援等。

第二，对低空资源的开发和利用是大势所趋。人类经历了"大陆世纪""航海时代""太空探索"等阶段，但资源丰富的低空空域始终没有得到很好的发展。未来，低空资源的开发和利用将成为人类经济活动新空间，即所谓的低空经济。低空经济是以低空空域为依托，以通用航空产业为主导，可对物流运输、支线客运、遥感探测、农林植保、应急救援、体育旅游等众多行业起到重要推动作用，是一种辐射效应强、产业链较长的综合经济形态。

　　截至2021年年底，全国无人机相关企业超过5万家。2016—2021年，新增无人机企业注册资本总金额约4300亿元。以物流运输为例，2021年邮政快递包裹突破1000亿件，日均达3.3亿件。顺丰、京东、美团、菜鸟等企业也均已开始进行无人机配送方案的测试和定点试用。2022年5月20日，浙江省杭州市余杭区开通了国内首条无人机转运核酸样本的空中临时航线。

　　第三，无人机比地面无人系统发展更有优势，场景相对简单，时间效益和经济效益都更好。无人机在空域作业，相比无人车在地面作业，空域更干净、受复杂场景限制更少，技术要求也更低，只需解决空中防撞的问题、非合作目标的攻击问题、自身的飞行安全问题等，因此更具优势。

　　第四，国家政策支持、引导、鼓励无人机技术发展。在我国，成立了国家空中交通管理委员会办公室，批准5个省开展低空管理改革试点，分别是江西、四川、湖南、海南、安徽。此外，还批准在27个城市开展快递业务。2021年，国务院印发《国家综合立体交通网规划纲要》，提出"发展交通运输平台经济、枢纽经济、通道经济、低空经济"，低空经济首次进入国家规划，具有标志性意义。

　　2018年6月，《时代周刊》发表了以"无人机时代"为主题的封面报道，封面上的每一个点都是一架无人机（图9）。封面报道称，无人机这一重大技术很可能正在走过其发展的历史拐点，即从愿景阶段走向大规模实用阶段，成为大众日常生活的一部分。虽然当前还面临着很多困难，但天空变得更加忙碌的一天正在来临。这也就意味着，人类即将迎来无人机时代。

图9　2018年6月《时代周刊》封面

无人机产业发展五要素

第一，场景市场是根本。无人机产业未来的发展重点不仅在于无人机平台的生产制造，还有面向国民经济各领域应用无人机产生的各种专业化服务，包括农业林业、广义遥感探测、物流运输、娱乐消费等各个领域。服务是市场的主体。

第二，空域管理是关键。如果现在以有人机空域的管理条例来对无人机产业进行管理，无人机产业是不可能存在的。因此，必须要用网络化、数字化、智能化的手段来开展空域管理工作。

第三，技术支撑是动力。技术支撑主要包括新型飞行器气动技术、动力能源技术、低空智联网技术、传感器技术、自动控制技术、综合保障技术等。依托这些技术支撑，无人机系统的发展及应用取得了丰硕的成果。如果没有可靠稳定的技术支撑，无人机产业也发展不起来。

第四，政策保障是基础。无人机产业的发展必须要有国家、行业、政府等方面的政策支持，从设计、研制、批量生产、使用、回收、报废的全生命周期保障，到各类技术标准、市场准入准则的制定都应当被考虑到。

第五，安全托底是前提。主要涉及国家安全、飞行安全、公共安全。从国家安全角度来看，国家有很多敏感区域要防止被无人机侦测。从飞行安全来看，要防止被撞、被控制、被非合作目标攻击。从公共安全来看，事故后产生的次生灾害也应当被关注，还有空中飞行对大众隐私的影响等。因此，无人机产业的发展，安全托底一定是前提。

为什么要发展低空智联网

低空智联网是在低空空域融合运用网络化、数字化和智能化技术构建的智能化数字网络体系，是发展低空飞行器行业应用最重要的基础设施，对打造数字经济新兴产业具有重要意义。

发展低空智联网，有以下六大需求。

第一，无人机系统控制需求。目前对于无人机系统来说，无论是手持遥控器、手机、便携控制站、车载站、固定站，基本都是一站一机状态。一站一机的控制方式存在着建设成本高、频率资源紧张、控制范围受限、多机协同困难等诸多缺点，因此，面向网络的无人机控制需求十分迫切。无人机特别是军用无人机飞上天空，需要在地面有一个控制系统对它进行控制，一个飞机就要一套数据链系统。首先，数据链系统的花费约占整个系统费用的1/3，成本非常高。其次，一套系统要占用一个频率，频率资源紧张。再次，控制范围有限，数据链需要通过卫星才能传输数据。最后，多架无人机在天上飞，多机控制难度大。要解决以上难题，唯一的出路就是网络化，发展低空智联网。

第二，空域管理改革的需求。现有空域管理机制是针对有人机设立的，完全不适应无人机行业大批量、大范围、密集型飞行任务。空域管理的目的是保证无人机顺畅飞行，而不是限制飞行。尤其是娱乐类无人机就像是"会飞的手机"，管理更需要简便易行。因此必须要用网络化、数字化、智能化的手段来开展空域管理工作。

第三，公共安全管理的需求。公安部门要对无人机做到可观测、可规避、可控制，不仅要管理合作目标无人机，还要管理非合作目标无人机，因此需要在网络环境下来进行管理。

第四，行业管理的需求。在未来，每个行业都会出现很多无人机。行业如何对无人机飞行进行管理，也需要通过网络化的环境来实现。

第五，无人机企业自身的管理需求。无人机的飞行状况怎样，数据如何在网络环境中会更易获取。此外，当未来无人机大规模商用后，对无人机的关键零部件进行状态监控，也需在网络环境中实现。

第六，通用航空产业的发展需求。通用航空产业每年为美国创造超1500亿美元的产值，但都以有人机为主。目前，虽然我国有人机的通用航空产业发展不快，但未来，中国的无人机产业通用航空有可能成为世界的通用航空代表。

从以上6个维度来看，无人机产业正呼唤着一个新型低空智联网的出现，并且需要从系统容量、覆盖范围、智能控制、安全管理、业务类型等方面全面创新。

2020年6月，5位中国工程院院士樊邦奎、陈志杰、张军、费爱国和陆军提出"关于开启低空智联网新基建、打造数字经济新业态的建议"，得到了中央领导的高度重视。

低空智联网"六大瓶颈"

低空智联网属于技术支撑的范畴，主要有以下六大瓶颈。

第一，安全的通导一体网络。安全是首要因素，此外，通信和导航是一体的网络，彼此不是独立的，信息是联通的。这一网络通常部署在海拔3000米以下，其中网络涉及的技术点包括路由问题、节点问题、时延问题、带宽问题、安全问题以及多手段的精确定位与网络一体化。比如，当建立一个低空智联网时，可采用一张网、一朵云、一个平台、N应用的架构。一张网（5G低空智联网）是指以有线、无线和卫星组建"空天地"一体化网络，实现泛在大连接。一朵云（云+边缘）是指云边协同为5G无人机飞行控制管理及应用提供灵活、安全的底座。一个平台（5G低空智联运营平台）是指提供低空运行管理和应用创新平台，为形成安全、有序、高效、协同、开放、共享的低空空域服务和飞行环境提供数字化管理手段。N应用（赋能千行百业）是指基于低空网络化、空域数字化和监管智能化的能力基础，为行业提供全方位解决方案。目前行程300米以下的无人机就能解决很多的应用场景，对现有网络进行适当改造就可以做起来。

第二，网格化的地理空间。先要将地理空间进行剖分，再对每一块地理空间进行数据编码，构建数字交通栅格，使之具有可标识、可存储、可计算的新属性。简单来说就是要把低空空域数字化，把空间网格化，为每一个网格化空域区块赋予一个二进制整型编码，相当于给无人机修一条数字化道路。同时，依托低空空域物理空间剖分成的各种尺度连续网格或网格体，引接与汇聚每个网格空间的属性数据，包括气象、雷达、下垫面地理地物特性及管理属性，为低空空域管控提供基础数据支撑。

第三，创造数据驱动的服务后台（云平台）。无人机在空中飞行的过程中，需要遥感信息、电磁信息、无人机飞行参数信息等海量数据。必须对这些数据进行实时处理，才能有效提取信息。因此，必须以云平台作为支撑，给飞行过程中的无人机按需实时推送信息。如在未来智能化农业的应用场景中，无人机先在空中获取光谱数据，再将光谱数据通过网络传送到云计算平台进行计算、分析，然后才能推演出农作物的生长情况、营养缺失情况、病虫害情况等，最后生成无人机的执行指令。因此，农业部门只有把基础服务平台先建立起来，才能确保提供数据驱动的服务，实现精准农业。

第四，低空运行的管理。低空运行的管理要解决"可观测""可规避""可控制"三个问题。"可观测"主要是指利用主动探测技术和被动探测技术及位置报告机制，对空中目标进行探测感知，确保不出现遗漏。"可规避"主要是指无人机主动感知周边环境，与其他飞行器进行交互，并做出规避动作的技术。"可控制"主要是指对于某些合作类无人机，在其任务不明、行踪不定的情况下，要有第三方控制手段。

第五，低空航路的规划。为什么要规划？有人机飞行是300米一层，而无人机飞行50米就可以设置一层。也就是说，在未来，低空3000米就可以飞五六十层，所以需要把航线、航路、航道设计好。在低空空域给无人机修各种航道不能像在高速公路上修建快车道和慢车道一样，先要建立航线、航路、航道的模型。这一过程需要考虑约束条件（气候气象、动态障碍、区域管控、飞机性能）是什么，怎么才能优化目标（距离短、时间短、安全性高），净空的边界又是什么，等等。后台规划好之后，无人机再进入这个平台，就可实现按照规划路线飞行。但在现实环境中，由于避障技术的局限性和监管政策的滞后性，无人机会带来严重的航空和公共安全隐患。因此，亟须规划新一代信息化技术发展下的低空航路运行框架。

第六，统一飞控的技术架构。要想实现无人机在天空像鸟一样自由飞行，就必须搭建统一飞控的技术架构。也就是说，底层的飞行控制可以按照飞机供应商各自的设计进行操作，但是必须有统一的飞行防撞架构来作保障。为什么椋鸟飞行时可以实现互不相撞？科学研究发现，椋鸟的交互非常简单，只跟周围拓扑距离最近的 6 个发生联系。也就是说，它的眼睛只看周围距离最近的 6 只鸟，只要在飞行过程中保证不与这 6 只相撞，也就不会撞到其他的鸟（图 10）。就是这样一个简单的交互规则，使得群体智能得以涌现。仿椋鸟飞行的无人机飞控架构也许是一种防撞的出路。

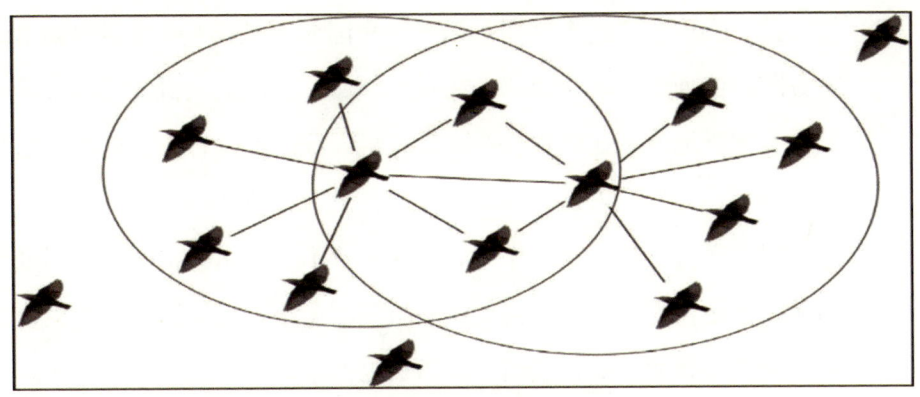

图 10　椋鸟群飞的拓扑模型

未来，要建设低空智联网，还需要三大关键工程的突破。一是低空网络化工程，解决网络连接难题。依托 5G、低轨卫星、导航、监视、气象等基础设施构建适合低空业务运营的实体网络。二是空域数字化工程，在 5G 终端实现超视距机动。通过空间剖分和数据编码建立空间栅格，实现物理空间可标识、可储存、可计算。三是监管智能化工程，解决空域监管难题。通过航线规划、智能避障进行智能化监管，实现数字化控制可感知、可控制、可解脱。

无人机发展的本质是网络环境下数据驱动的空中移动智能体，未来将向着信息传输网络化、运行空间数字化、飞行终端智能化方向发展。无人机时代即将到来，你准备好了吗？

互动环节

问题一：目前我国无人机发展程度如何，在国际上处于什么水平？

答：从三方面来说这个问题：第一，我国无人机技术在世界上属第一方阵，位列前三名。第二，在某些领域，我国无人机在国际市场上占有重要地位，比如察打一体无人机，我国有两种无人机对外出口，分别是翼龙无人机和彩虹无人机，出口量位居世界第一。主要是美国把察打一体无人机作为高技术装备不对外出口，而其他国家的无人机在技术水平和价格上没法与我国竞争。再如民用无人机领域的大疆旋翼无人机，在国际市场上也占据一席之地。第三，在高端无人机方面，我国和美国还是有差距的，个别地方差距还很大。重点体现在动力技术方面，比如美国全球鹰无人机能实现 48 小时全球飞，我国现在还达不到。另外，一些新材料和新技术，尤其我们在无人机研制过程中使用的很多芯片都要受制于人。在军用芯片上，我国都能保证国产化，但民用芯片基本都要靠国外。

问题二：我国无人机产业的发展前景怎样？

观点一：2021 年，工业和信息化部、中央网络安全和信息化委员会办公室、科学技术部、生态环境部、住房和城乡建设部、农业农村部、国家卫生健康委员会、国家能源局八个部门联合印发《物联网新型基础设施建设三年行动计划（2021—2023年）》，在智能交通领域的部署中，提出开展低空智联网演示验证，推动构建空天地一体的无人机应用及安全监测平台。可以说，国家已经将低空智联网纳入新基建规划中。这对无人机产业的发展将起到积极的推动作用。

观点二： 低空智联网新基建就像修公路一样，无人机产业在农业、物联网、物流等方面同样要有场景驱动。如把空域网格化或数字化，实现快递的标准化、精准化递送，这样的基建工程在国家各部委和各行业的带动下是具有广阔前景的。在5G技术、基站建设等方面，现在很多工业部门已经在形成体系化的能力。无人机、5G网络、北斗卫星导航，这三个系统融合可以大大推动无人机的应用，使中国在无人机领域成为世界强国。中国无人机的用户多、应用场景多，创新公司也很多，迭代非常快，最关键是中国监管的严格程度适当，比欧洲国家和美国要适度，现在发展非常快。

观点三： 2022年8月，中国民用航空局发布了《民用无人驾驶航空发展路线图V1.0（征求意见稿）》，进一步明确民用无人驾驶航空发展定位、目标与路径，以促进我国无人驾驶航空高质量发展。路线图将无人驾驶航空发展分为三个阶段：在2025年之前，实现统一的时空基准，提升航空器安全自主飞行能力和航行保障能力，降低运输成本；在2030年之前，实现空域信息数字化，建立健全空域共享、数据互联、运行高效、管服一体的平台和机制；在2035年之前，建立载人无人驾驶航空交通运输系统，实现广域的运输范围和灵活高效的网络化布局。

问题三：为什么说无人机产业是数字经济的新业态？

观点一： 据保守估计，到2035年，我国无人机产业规模将超万亿元。这个是有计算依据的。以物流运输为例，社会物流总费用占国内生产总值（GDP）的比例在发达国家约为10%，我国目前大约是13%～14%。到2035年，我国GDP将可能达到200万亿元，社会物流总费用以10%计算就是20万亿元。物流费用分两大块，第一大块是仓储，第二大块是运输，其中运输占60%，而航空物流占运输的15%，无人机物流又占航空物流的60%，计算下来，无人机运输的物流费用达1.08万亿元。

观点二： 无人机产业发展，需要实现"三化"。第一，网络化。网络是基础，主体利用5G技术。我国规定120米以下不用申请，只要不是禁飞区就可以飞。我国网络覆盖非常好，网络化和定位结合在一起，对于5G网络来说，这就是一个非常好的应用场景，各大运营商对此都有积极性。第二，数字化。把低空网格化、数字化，实现空间全数字化，而且还要考虑动态变化。第三，智能化。智能化涉及各个应用，每个行业、每个领域都在开展智能服务。"数字化、网络化、智能化"是数字经济的特征，所以说，无人机产业也是未来数字经济的新业态。

问题四：在现有 5G 网络上进行改造升级，是不是就可以建成低空智联网？

答：对于在低空中飞行速度比较慢的无人机，现有的 5G 技术体制不需要改动就能适应网络化的需求。5G 设计的一大应用场景就是为移动智能体服务的，无人机未来就是一个空中机器人，因此在技术体制上不需要做任何改动。如果飞行高度再高一些，超过 300 米，基于现在的 5G 网络使用起来就有困难。不过 300 米以上的一般属于城市之间的支线或干线，飞行的也一定是中大型无人机，这时可以用 5G 技术体制单独设立一条专用链路，而不用手机的 5G 航线。当然，低空智联网的内涵很丰富，5G 网络的应用仅是一方面，还要考虑前面讲的数字化、智能化等要素。

问题五：无人机在军民融合方面的应用情况怎样？

答：无人机的军民融合属性是非常强的，从技术到应用都非常强。从应用角度来看，无人机在军事上用于侦查，在民用领域则是用于遥感，应用其实是一样的。从物流领域来看，民用运的是物资，军事上就是运投。从载荷来看，带农药、洒农药是植保无人机，带弹药则是察打一体无人机。从技术属性来看，民用方面可用于智能跟拍，在军事上则用于发现目标，并对目标进行自动跟踪。所以，民用无人机稍加改造就可以用于军事，而军用无人机也可以支撑民用。

中国科技会堂论坛第十八期

智慧能源：储能技术与能源互联网

导读

2020年9月，习近平主席向世界宣布，中国将力争在2030年前实现二氧化碳排放达到峰值、2060年前实现碳中和。随着"双碳"目标的持续推进，新能源大规模接入我国电力系统，同时也促进了新能源产业快速发展。

然而，由于新能源自身的随机性、波动性等发电特性，新型电力系统迎来充裕性、安全性、体制机制等一系列挑战。比如，新能源汽车正以极快的速度替代燃油汽车，也为我国电力系统带来巨大挑战。

我国是能源消费大国，也是能源进口大国。面对错综复杂的外部形势、内部经济发展新态势以及"双碳"目标能源转型进程，在"十四五"迈向"双碳"目标的关键窗口期，要如何协同能源安全、经济增长与气候变化？该如何打造安全、独立、低碳的现代化能源体系？

主讲嘉宾

欧阳明高

中国科学院院士，清华大学学术委员会副主任、车辆与运载学院教授，国际氢能与燃料电池协会（IHFCA）首任理事长。长期从事节能与新能源动力系统研究，建立了动力电池热失控科学与技术体系，主持突破了商用车氢燃料电池动力系统核心技术，发明了多能源一体化混合动力系统。

郭剑波

中国工程院院士，国家电网有限公司一级顾问，中国电科院名誉院长，中国电机工程学会副理事长。长期从事电力系统分析与控制研究，主持了中国全网互联电网规划系列研究，组织建成了中国"国家能源大型风电并网系统研发（实验）中心"。

互动嘉宾

胡勇胜 中国科学院物理研究所清洁能源实验室主任。长期从事先进二次电池的应用基础研究。

孙华东 国家智能电网研究院有限公司总经理。长期从事电力系统安全稳定分析与控制技术研究。

主讲报告

储存"风光"路在何方
——如何突破新能源发展的储能瓶颈

主讲嘉宾　欧阳明高

新能源革命中的储能瓶颈

当前，我国二氧化碳的年排放量达 112 亿吨，其中以能源活动产生的排放为主，约为 99 亿吨。新能源技术将是实现"双碳"目标的主要技术路径，其中，可再生能源、电气化和氢能占据一半以上。

从薪柴到煤炭，人类完成了第一次能源革命。从煤炭到油气，人类完成了第二次能源革命。当前，人类正在经历从油气到新能源的第三次能源革命。未来，人类将面临第四次能源革命。它是以可再生能源为基础的绿色化和以数字网络为基础的智能化，将实现新能源的电力转型。能源转型历程如图 1 所示。从历史来看，前两次能源革命都伴随着世界

◆ 第一次能源革命　动力：蒸汽机　　能源：煤炭　　　　能源载体：煤　　　交通工具：火车
◆ 第二次能源革命　动力：内燃机　　能源：石油和天然气　能源载体：汽/柴油　交通工具：汽车
◆ 第三次能源革命　动力：各种电池　能源：可再生能源　　能源载体：电和氢　交通工具：电动车
　第四次能源革命：以可再生能源为基础的绿色化和以数字网络为基础的智能化

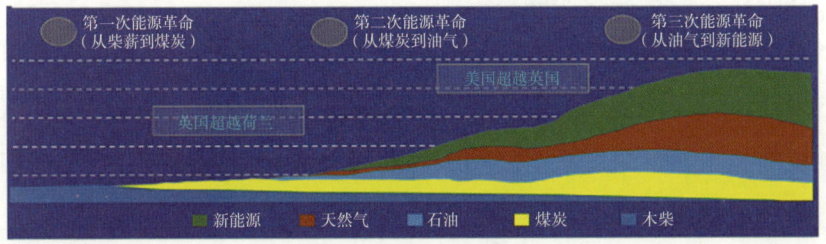

图 1　能源转型历程

中心的转移。我们相信，中国有实力能牢牢抓住第四次能源革命所带来的新机遇。

目前，中国新能源的发展优势明显。全国可再生能源装机增量为全球第一，光伏组件出货量占全球近70%。未来，风力发电（以下简称风电）和光伏发电占比将不断上升，成本也会持续下降。预计到2035年，风电、光伏发电占比将超80%的装机容量和超40%的电量。光伏发电成本可降至0.10元/千瓦时，风电成本可降至0.20元/千瓦时。但是，可再生能源日内能量、年内能量、区域能量供需无法平衡的供电特性，将为电力系统带来新的技术挑战。因此，可再生能源平价上网并不等于平价利用，消纳的成本反而可能导致电价上涨，甚至出现消纳成本高于发电成本的现象。

美国未来学家杰里米·里夫金在《第三次工业革命》中指出，新能源革命有五大支柱，分别是：①向可再生能源转型（尤其是光伏发电与风电）；②集中/分布结合式系统发展，建筑变为微型发电厂；③用氢气、电池等技术存储间歇式能源；④发展能源（电能）互联网技术；⑤电动汽车成为用能、储能并回馈能源的终端。其中，与储能相关的就有两条，可见储能技术的重要性。

广义的储能技术是指针对可再生能源的随机性和波动性特点，将富余的可再生能源储存起来，在可再生能源不足时使用。这种能量的时空变换技术，我们称之为储能技术。

目前，中国的光伏发电、风电的技术与成本已经完全具备大规模推广的条件，但在储能方面依然存在瓶颈，需要靠电池、氢能、电动汽车等领域的技术发展来解决。新能源的动力系统与电力系统之间存在相似性，本质上都属于动力系统。电力系统由发电系统、负载系统以及二者之间的储能系统三部分组成。在电力系统的发电侧加上燃气轮机，就可成为动力系统。两者共同的技术难点都是储能技术，包括纯电动力系统的电池技术、燃料电池动力系统的储氢技术与电力系统的各种储能技术。两者共性的核心技术也是储能技术，包括各种储能电池和电动汽车车网互动、变流器与电力电子、燃料电池与电解水制氢系统，氢能储运技术、氢载体氨用于交通动力和发电能源等技术。新能源动力系统与交通电动化已经取得重大突破，用交通电动化促进能源电气化，以储能为抓手，推动能源转型和新型电力系统发展是面向碳中和的中国新能源革命重要技术路径之一。

电网对各类储能技术的需求包括发电侧、电网侧和用户侧三部分。在发电侧的技术瓶颈包括：①风电–光伏电力系统需抑制负荷波动，实现平滑功率输出，才能有利于电网的调度，集中发电；②火电厂发电需实现火储联合调频，提高火电厂爬坡能力，提高调度指令的跟踪能力；③分布式小型光伏/风光互补发电，提高新能源的消纳能力。在电网侧的技术瓶颈包括：调频、调压、调峰、系统备用，同时减少配电网投资。在用户侧的技术瓶颈包括：削峰填谷、配电系统扩容、应急供电、车网互动（V2G）电网稳定支撑等技术。

储能技术比较与分析

储能技术可分为物理储能、化学储能、电化学储能三类（图2）。物理储能包括热储能、机械储能与电磁储能三种。热储能是通过储热的方式实现储能。抽水储能、压缩空气储能、重力储能、飞轮储能等都属于机械储能，原理是通过势能与动能的互相转换以实现储能。化学储能是指将可再生能源变成燃料，如将可再生能源转变为氢、氨、甲醇等各种载体以实现储能。电化学储能是目前使用最多的一种，如锂离子电池、钠离子电池、铅酸电池、液流电池、燃料电池等。

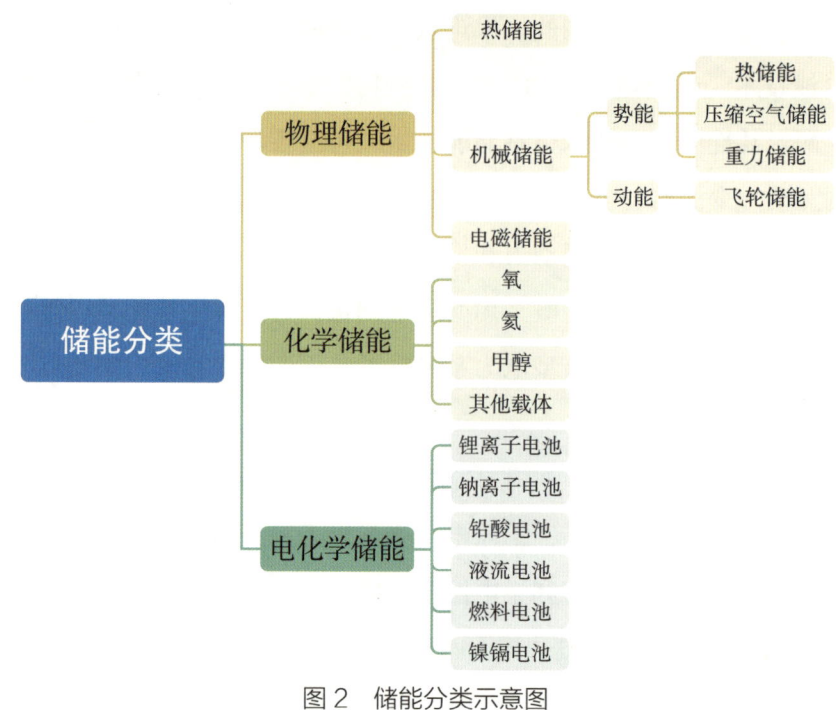

图 2　储能分类示意图

不同的储能技术，储能周期与放电功率不尽相同，且二者之间的关系也分为耦合与解耦两种。液流电池的储能周期与放电功率之间为解耦关系。飞轮储能功率大但储能周期短。抽水储能、热机械储能相对储能周期较长。化学储能则属于储能周期最长的类型。

储能技术虽然种类繁多，但科技属性都是时空转换的能量存入和回送所构成的动力循环，属于热工、化工、电工交叉所构成的一种能源动力学科。

2020 年，全球储能市场规模为 191.1 吉瓦，新增 6.4 吉瓦，同比增长 3.4%，属于较小规模。其中，中国已累计投入达 35.6 吉瓦，新增 3.2 吉瓦，同比增长 9.8%。在技术路线方面，中国的抽水蓄能占比首次低于 90%，未来的发展重点为新型储能技术，潜力尤为巨大。在新型储能技术中，电化学储能发展较快，占据了绝对的主体，其中锂离子电池占据 90% 的主导地位。2020 年全球和中国储能市场技术路线占比对比如图 3 所示。美国、欧盟国家、英国等也将长时储能技术列入长期战略支持方向。

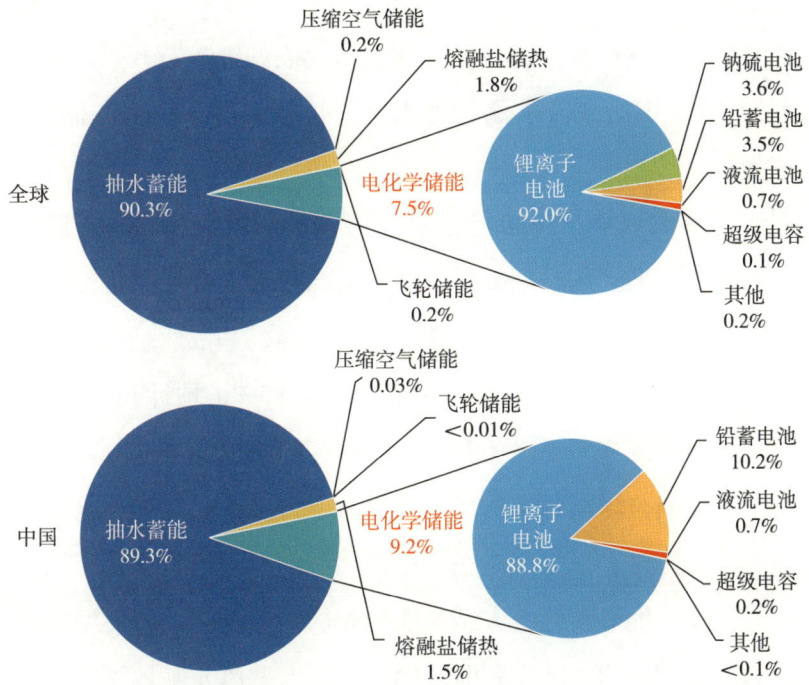

图 3　2020 年全球和中国储能市场技术路线占比对比图

从经济性现状和趋势来看各储能技术：

在可再生能源发电制氢领域，电解水制氢成本为 20 元/千克，其中电价占氢生产费用的 80% 左右。未来，风能与光伏发电成本的降低会使电解水制氢储能优势凸显。

在电化学储能领域，当前电化学储能成本仍高达 0.60～0.90 元/千瓦时。锂离子电池在中国电化学储能装机量占比高达 85%，而锂离子电池储能成本中，约 67% 为电池成本。中国电动车产业大规模发展，带动了锂电池产业的腾飞，在世界范围内具有一定优势。

2023年，电池材料价格有所上涨，但电池材料涨价仅仅是由短期产能爆发式增长而造成的。电动汽车销量增长的驱动力将长期存在，因而由恐慌性库存储备不足等因素带来的需求放大只是暂时性因素。随着碳酸锂电池供应能力的提升，需求也将逐步回归正常。

在原始矿产供给方面，以澳大利亚为代表的锂矿石开采产能正在提速，预期1～2年达到需求侧管理水平。长期来看，锂资源储量充足，可开采量将持续增加。在回收资源供给方面，预计2030年之后，电池材料回收将形成规模。2050年前后，原始矿产资源和回收资源的供给量将达到相当水平。从长期来看，回收资源将逐步替代原始资源。

因此，锂离子电池系统成本正在快速下降，并依然呈现持续下降的趋势。近十年，锂离子电池系统成本下降了85%，预计到2025年，磷酸铁锂成本将降至0.50元/千瓦时。

在绿氢领域，绿氢制取的成本主要由电力成本决定。当电力成本低于0.15元/千瓦时，绿氢成本在不考虑碳税的部分场景下低于煤制氢成本。在部分交易价格较低的大型风能与光伏发电基地，可再生能源交易电价甚至可低于0.10元/千瓦时。因此，与大型风光基地耦合是获得低成本绿氢的关键。

参考美国的情景可以来分析未来我国储能系统成本竞争力。随着时间的推移，美国的电池储能和氢储能越来越压缩抽水储能和压缩空气储能的空间。单从技术角度来看，未来中国储能系统成本竞争情形将与美国一致，但具体还应充分结合目前中国新能源与储能资源的空间分布不相匹配的这一中国国情来进行考量。

目前，我国储能呈现出"线、点、面"的特征。"线"是指在"三北"、西南地区通过中国特高压输电网络外送输电，能源基地、绿氢储能、特高压输电相结合，当前我国特高压输电技术位居世界第一。"点"是在中东部和南部地区建设有密集发电点，火电机组、抽水储能、高压输电网相结合。当前，我国火电装机容量稳居世界第一，热电联产装机容量也稳定增加。"面"是指全国分布式光伏、电动汽车V2G、低压配电网相结合的中国特色。当前，中国光伏装机量、电动汽车保有量均位居世界第一。

基于储能对我国新型电力系统作出展望，呈现出的特征为："线"上风光基地波动平抑，"点"上区内波动平抑，"面"上当地波动平抑。

预计到2030年，在发电侧，我国将有64%的储能需求位于西北部地区，约为1.4亿千瓦，可保障风光基地可再生能源的可靠并网。西北风光基地向负荷区域输电需新建特高压输电线路0.8亿千瓦，向外输电特高压线路超过2亿千瓦。在电网侧，2030年西北部地区与中部、东部和南部地区的电网调峰需求比预计为4∶5，分别为1亿千瓦和1.3亿千瓦。其中，西北地区的调峰需求主要依赖于火电灵活性，因当地火电装机量达27%，其火电灵活性改造压力高于其他地区。中部、东部和南部地区的调峰需求则可通过抽水储能与火电灵活性相结合来实现。在用户侧，2030年将有65%的用户侧储能需求位于中部、东部和南部地区，约为1亿千瓦/3.2亿千瓦时。用户储能形式主要表现为分布式电池储能，储能与分布式光伏组成微网系统调节电力需求。

到2060年，在发电侧，将有62%的发电侧储能需求位于西北部地区，约4亿千瓦，可保障风光基地可再生能源的可靠并网。西北风光基地向负荷区域的特高压输电线路建设需匹配氢储能建设。在电网侧，西北部地区与中部、东部和南部地区的电网调峰需求比预计为4∶1，分别为4.4亿千瓦、1.2亿千瓦。西北地区的调峰需求将主要依赖于氢储能。中部、东部和南部地区的调峰需求则通过抽水蓄能，氢储能和热储能等方式。在用户侧，93% 的用户侧储能需求位于中部、东部和南部地区，约 18 亿千瓦/84 亿千瓦时。用户侧储能形式主要依赖于电动汽车与电网的 V2G 过程。

总而言之，未来的储能技术将呈现出多元化特征，新型储能将以短周期电池储能技术和长周期绿氢储能技术为主。

短周期电池储能技术

从 2011 年到 2022 年，我国新能源汽车年产量从 6000 辆增长至 600 万辆。与此同时，我国跨国汽车企业先后转型新能源汽车，这是中国首次在全球率先成功大规模导入高科技民用大宗消费品，更是中国首次引领全球汽车发展方向，这得益于中国动力电池技术的革命性突破。

2013 年前，三元动力电池并未实现产业化，电池续航里程无法有效提升，锂电池电动汽车续航仅仅为 100 多千米。2015 年起，三元电池工业化解决，轿车市场开始爆发，但三元电池单体比能量提升乏力，行业转向结构创新、材料创新等方面。如今，动力电池的续航里程和寿命问题已经基本解决，大型 SUV 也可实现 1000 千米续航。高比能量动力电池的热失控、冬季续航下降、高速公路超级快充等问题正在突破之中。

随着全球电动化进入高速发展阶段，中国动力电池行业迅速进步，向着大规模产业化方向发展。到 2025 年，国内电池年需求/出货量预计达 1.2 亿千瓦时，其中车用动力电池将占主导地位。

与此同时，动力电池的安全事故问题普遍受到公众关注。近年来，储能电站、新能源汽车、电动自行车、锂离子电池安全事故时有发生。国家监控平台数据显示，目前电动汽车的电池安全事故概率为 5/10 万，与传统车大体相当，且无致命事故发生。2021 年，电动自行车安全事故共发生1.8万起，死亡57人，受伤157人。当储能电站电池容量超过1万千瓦时，安全风险与技术难度随之增加。在建立安全保障体系的过程中，提高技术水平与构建安全规范将起决定性作用。

电池的热失控是电动车安全事故的共性特征。它是指电池在过充、短路、挤压等情况下发生异常化学反应，温度每秒上升1000℃，进而产生燃烧的现象。

清华大学设立有电池安全实验室，包括车辆学院电池安全实验室及其附属的四川省宜宾电池安全试验基地，投资超过2亿元。清华大学电池安全实验室专注于锂离子电池安全研究，与全球厂家和机构开展合作并提供服务，参与行业、国家和国际标准制定。2011年以来，以电池安全为核心，车辆学院电池安全实验室还开启了动力电池全技术链研发与产业化发展。

在固有安全电池系统方面，清华大学车辆学院电池安全实验室主要有三项支撑技术：一是电池本身的安全性技术，实现本征安全；二是使用过程安全技术，实现主动安全；三是系统级失效防护技术，实现被动安全。

在储能电池安全防火技术方面，清华大学车辆学院电池安全实验室推出了热管理仿真设计。这是一种针对大型储能电池系统建立电池系统热管理、热安全灭火的数值模拟方法。

整体而言，中国动力电池产业的总体发展方向在于三方面：第一，低碳化，包括低能耗、低排放、低损耗；第二，高端化，包括高品质、高安全、高技术；第三，智能化：包括智能设计、智能制造、智能控制。

在低碳化方面，电池材料制备耗能巨大，节能降耗迫在眉睫。动力电池的材料成本占比不少于75%，而材料成本主要是能耗成本。比如石墨负极每吨材料电费占比接近60%，811电池正极材料碳排放占电池生产碳排放80%。所以，我们面临的问题是能耗大、成本高、碳排放较为严重。为改善这个问题，首先需要进行电池材料回收，循环使用以节省资源、减少能耗、降低排放。未来，我国退役电池数量增长即将进入快速上升期，急需研发电池回收的节能减排技术。预计到 2025 年，我国需要回收和梯次利用的电池总量为 125 吉瓦时。以 NCM811 方形电池为评估基准，对典型减排基础潜力进行评估可知：电池回收再生技术中，物理回收技术减排超过 50%，湿法回收技术减排 32%，火法回收减排 3.5%。最终，我们要通过绿电以实现电池生产全生命周期的零碳排放。在 2030 年电力结构背景下，通过提升绿电比例预计可实现碳排放降低 12%，在 2050 年电网深度脱碳背景下，碳排放则可降低 75%。在未来，通过 100% 绿电结合电能替代化石过程燃料，可以实现电池生产制造全生命周期近零排放。

在高端化方面，我们需实现从电池结构创新逐步发展到材料体系创新，这是一个更加复杂、更需要时间积累的过程，同时也是全球动力电池创新的制高点。此前，动力电池材料创新基本由国外主导。从时间轴看，我国的电池体系也在不断丰富，随着技术的发展，钠电池、钾电池、锂电池等各类电池的比能量在不断上升，电池产业也正在经历着液态体系、液态到固态过渡，最后到准/全固态体系的发展历程。今后十年，还会经过三次技术变革，锂电池还会大幅度创新，2035 年前将会实现规模生产能量密度为 500 瓦时/千克的下一代电池。最值得重视的是全固态电池，其难度极大，关键技术研发需要全世界共同努力。目前，日本、韩国、美国在全固态电池方面取得了重要进展，中国也要加大创新力度。希望通过全球共同协作，解决全固态电池的关键材料、界面、复合电极制备等问题，最终实现综合性能提升。

在智能化方面，首先是智能设计。我们从实验试错到仿真驱动，再到智能化全自动，经历三个发展阶段。这可以大幅度降低成本，节省

70%~80%的研发费用。其中，核心技术就是高精度建模和高效率寻优算法。其次是智能制造。电池制造是一种极致制造，不能引入任何杂质，引进去就是隐患，就可能引发安全事故。从百万分之一的缺陷电池到十亿分之一的缺陷电池，这就是极致制造。为了实现极致制造，必须采用智能化手段，从数字化生产工艺仿真到数字化生产车间，再到工业互联网，对生产过程的质量监控参数要超过3000个。这是下一步中国电池行业需要做的事。最后是智能控制。先是要把温度、气体、压力等传感器放到电池里面去。现在我们的电池还不能控制，只能管理，只有在充电时才能控制。下一步，我们要进行全方位控制，尤其是要加入负极定位的传感器，把电池分成正负极，分开进行控制。在软件方面，要引入人工智能，大幅提升安全检出率，降低误报率，这已经在很多车辆上使用了，在电池中也能大有可为。欧盟已经提出了2030年新一代智能电池计划的目标，中国动力电池行业也要加大创新力度，面向2030年实现动力电池从材料选择到电池设计、制造、使用、回收的全链条智能化。

基于电动汽车车网互动的储能方式也是非常重要的一种储能技术，即实现车辆与电网的双向互联（图4）。其可行性在于，在任何给定时刻，90%以上的个人汽车都处于停放状态，电动汽车中的电池将成为待

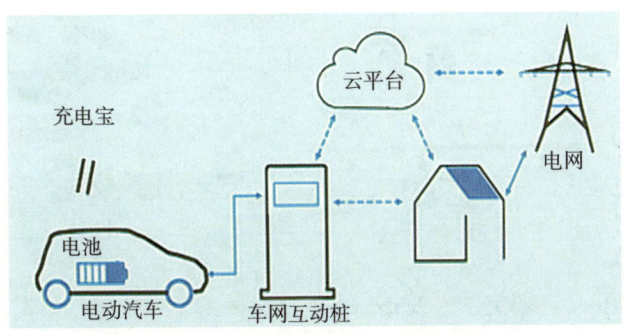

图4 基于电动汽车车网互动的储能方式

开发的配电网"充电宝",给电网充电。其优越性在于,相比固定储能电站,电动汽车 V2G 一车多用,大幅降低成本、大幅提高安全性,储能规模随着电动汽车普及将大幅增加。

预计到 2025 年,北京市的电动汽车保有量达到 200 万辆。如电动汽车无序充电与晚间用电高峰相叠加,将对电网造成难以承受的压力。而如果实现电动汽车在后半夜用电低谷充电,在晚间用电高峰放电,将大大减小电网增容压力。因此,随着电动汽车数量的增加,智能有序充电和 V2G 将逐渐显露出优越性。无序充电的功率需求是有序充电的两倍以上,而 V2G 则可以反过来减小功率需求。

此外,车网互动并不仅是电动车与大电网的互动,还存在很多其他的形式。广义的车网互动概念(图 5)包括:第一,V1G,即单向有序充电,仅改变汽车充电时间/速率,如中午可吸收多余的太阳能,以实现负载平衡。第二,V2G,包含反向功率流,具有多种尺度调节功能,既可供潜力局域微网,也可以是供电大电网。再如在一个园区内安装局域微网,与分布式光伏相结合,最后再与配电网进行互动。当前清华大学就正在开展这一示范工作。第三,V2X,包括车与车之间供电、楼宇供电、负载紧急供电、家庭备用电源等。如在写字楼与医院的房屋屋顶

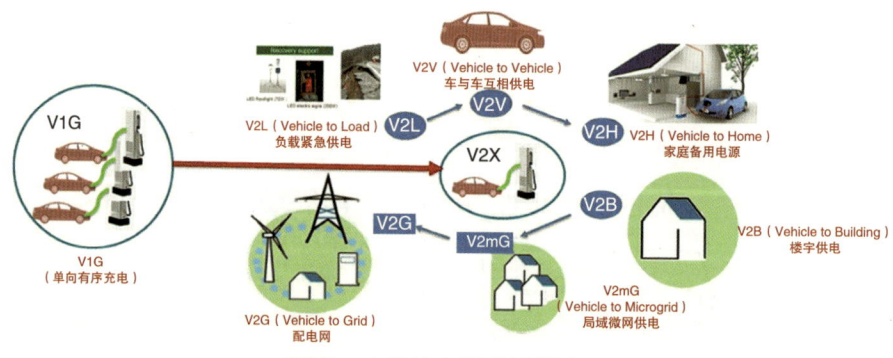

图 5 广义的车网互动概念

安装光伏、屋内安装空调、屋下停放电动车，三者之间联成一个系统，实现自平衡。

实现 V2G 的前提是电动车在停止运行时要通过双向充电桩与电网连接，需要用户、企业、地方政府共同参与构建能源互联网平台，三方都能获得经济效益的同时，还能收获推动新能源发展的绿色效益。

电动汽车动力电池储能的能量潜力巨大。2040 年，中国电动汽车保有量预计将达到 3 亿辆，每辆车平均电量大于 65 千瓦时，则车载储能容量可超过 200 亿千瓦时，与中国每天消费总电量基本相当。电动汽车每天用电量小，即便全社会所有车辆都改为电动车，用电量也只占全种类用电量的 6%~7%。但是电动汽车充电功率大，如果同时充电，电网将面临无法承受的压力。如 10 万辆电动汽车同时以快充 350 千瓦进行充电，将超过北京用电功率。因此，至少一半的车载储能可以用来参与车网互动。考虑出行需求，乘用车、重型卡车、物流车每日可参与电网调度的平均电量分别为 104 亿千瓦时、4.3 亿千瓦时、0.8 亿千瓦时，日内可调度能量波动在上下 10% 范围内。

2022 年，北京市电动汽车保有量达到 50 万辆，如果乘用车停充补电采用 15 千瓦双向充电桩，新能源汽车对电网功率支撑的能力约 700 万千瓦，达到当年北京市电网最大负荷的 1/4。预计到 2040 年，中国电动汽车保有量达到 3 亿辆，如果乘用车停充补电采用 15 千瓦双向充电桩，根据日出行概率分布，新能源汽车对电网功率支撑的能力可达到 29 亿~35 亿千瓦，约为当年全国电网非化石装机的一半。

电动汽车分布式负荷需要通过市场化来实现聚合，相当于一个"炒电股市"，电价低的时候充电，电价高的时候卖电。市场化聚合方式包括三个层面：第一，在终端层实现设备智能物联，学习用户行为、构建需求模型、预测本地负荷、相应调度指令。第二，在平台层实现广域设备聚合，起到分布式用户的"证券公司"的作用。用户资源接入平台相当于"散户开户"，匹配发电侧与负荷侧需求相当于"撮合供需"，资源打包参与电力市场则相当于"入市交易"。第三，在运营层持续激发市场活力，鼓励更多用户参与，拓展交易品种，优化交易策略，创新商业模式。

车网互动具有广泛的应用场景，包括低压配电网与中压配电网两类。低压配电网中包括：V2H，即与家庭分布式光伏协同，属于农村地区的典型应用场景；V2B，即与城市楼宇和停车场互动，集群后可参与V2G；V2mG（AC），即配合小型火电机组和可再生能源单元；V2mG（DC），即直流微网系统，集群后可参与V2G。在中压配电网中，有快充站和换电站两种应用场景。

在北京冬奥会期间，清华大学与壳牌公司合建了光—储—充—换一体化能量补给站，是全球首个建成的能量补给站，属于电动汽车时代的"加油站"。这一能量补给站可为卡车更换电池包，为轿车提供350千瓦快充，5分钟充电时间可以满足200千米行程的用电量。能量补给站充电并非从电网直接取电，而是使用换电站的备用电池进行充电，从而减小了对电网的冲击。在冬天，可实现每分钟加热温升7℃，为电池快速加热再进行350千瓦的双向充电。目前这一充电站模式正在向更多地方进行推广。

长周期绿氢储能技术

氢与电之间可以实现互转，这是长周期绿氢储能技术的物质基础和动力基础。储电与储氢是碳中和能源体系的两个支柱。制作甲醇和液氨，将其作为氢的载体，即可解决能源的储运问题。氢循环与碳循环构成了碳中和能源体系的两个循环。在零碳能源体系中，氢能具备三种角色：氢储能、氢原料、氢动力。

氢储能的使用场景包括发电侧、电网侧、用户侧三方面。在发电侧，氢储能可实现中大规模能量的时间转移，将西北、华北地区大规模可再生能源基地的新能源储存起来，起到能源平滑输出与调峰的作用。在电网侧，氢储能可实现大规模能量的时空转移，起到调峰的作用。

这其中包含以下几种技术。

第一，绿氢制备技术，包括碱性电解技术（AEC）、原子交换膜电解技术（PEMEC）、固体氧化物电解技术（SOEC）。当前清华大学正在研发多种电解水制氢技术，面向近中远期应用，已全面开展三种电解水制氢研发与产业化（AEC/PEMEC/SOEC），培育出思伟特和海德氢能两个制氢装备公司。

第二，氢能发电技术，包括巴拉德兆瓦级固定式PEM燃料电池系统、西门子氢燃气轮机、氨燃气轮机、氨掺烧等多样化的氢燃料发电系统。清华大学当前也正在进行氢燃料电池的系统研发与产业化研究。

第三，氢储能系统示范技术。通过在设定场景中设计掺烧方案，对氢储能火电厂掺烧的经济性进行分析。设定场景为对350兆瓦火电机组进行灵活性改造，配置氢储能，当光伏比例增加无法直接上网时，从光伏电厂购进低成本电力（0.10元/千瓦时），通过电解水制氢至火电厂掺烧，降低火电厂碳排放强度。得出分析结果为：在光伏＋氢储能＋火电灵活性运行且掺烧比例为20%的情况下，单位电力碳排放强度可由950克/千瓦时降低到569克/千瓦时，并且还可实现能量的季节性转移。从成本的角度来看，当煤价处于900元/吨时，掺烧即具有经济性。在此基础上增加700元碳税，也同样具有经济性。也就是说，在大部分场景下，光伏制氢＋氢储能＋火电20%掺氢燃烧的方案可实现更优的经济性。

总而言之，氢能是集中式可再生能源大规模长周期储存的最佳途径。从全链条来看，氢储能具有几方面优势：一是能源利用充分性，大容量长时间储能模式对可再生电力的利用更充分；二是规模储能经济性，固定式规模化储氢比电池储电的成本低一个数量级；三是多种动力适用性，作为零碳燃料用于燃料电池、蒸汽/燃气轮机、内燃机等；四是储运方式灵活性，可实现长管拖车、管道输氢、掺氢、长途输电—当地制氢等。

储能市场建设与建议

2021年，我国有200多条与储能相关的政策出台，内容包括构建以新能源为主体的新型电力系统、健全电力市场机制、完善储能补偿机制、明确储能装机规模目标、储能安全监管、储能价格机制等。

对于储能市场建设的相关政策，提出以下建议。

第一，应以加大用户侧储能支持力度作为电力市场化的突破口。

第二，应建立基于能源互联网的全国虚拟电厂，实现分布式电力交易完全市场化，分布式聚合资源参与批发市场。在负荷侧源网荷储一体化，以加强多向互动、完善市场机制等调动用户积极性，发挥负荷灵活调节能力。工商业负荷、电动汽车充电网络、分布式电源等通过虚拟电厂等形式聚合，相应电力调度指令。开展分布式点对点交易，促进资源大范围优化配置和清洁能源消纳。

第三，建立建设分布式能源电力市场的一系列关键任务，包括：一是研究计及多元利益主体的分布式能源市场机制；二是研究适应分布式能源大规模发展的电网创新服务；三是研发适宜分布式能源的电网互动智能调控终端；四是建成覆盖主流电动汽车车型的电动汽车与绿色能源智慧互动网络，最终形成万亿元级的车网互动智慧能源市场规模。预测到"十四五"末期，我国综合能源服务市场潜力有望达到1万亿元规模。2025年行业充电桩总数为1271万个，车桩比将下降至2.43，2025年行业具备268亿元的新增市场空间。

对于我国储能市场发展，提出以下综合建议。

第一，确立主流储能技术的战略地位。储能是实现碳中和的关键之一，建议发布国家储能规划和技术路线图，进一步加大储能相关电力政策和市场化机制改革力度。

第二，明确储能在新能源中的角色定位。储能是新能源发展的瓶颈和核心，要改变其目前的辅助和配角角色，学习国外先进经验，明确储能的资产属性（发电资产）。

第三，加强储能相关的关键技术研发。开展各种先进储能技术研发攻关，尤其是储能电站安全技术、电动汽车车网互动分布式储能技术、氢能制—储—运—加技术。

第四，建设车网互动V2X的基础设施。将车网互动作为低碳发展的战略性技术制定国家发展规划，将双向充电桩和智慧能源互联网作为新基建的重要内容，加大投资力度。

第五，健全多层次统一电力市场体系。建立充分反映储能价值的市场规则，尤其要加大对需求响应、虚拟电厂的支持，形成合理的峰谷价差，鼓励用户侧储能作为主体参与各类市场交易。

> 主讲报告

用系统观念认知构建新型电力系统

主讲嘉宾　郭剑波

2020年9月22日，习近平总书记在第七十五届联合国大会的讲话中宣布："中国将提高国家自主贡献力度，采取更加有力的政策和措施，二氧化碳排放力争于2030年前达到峰值，努力争取2060年前实现碳中和。"

2021年3月15日，在中央财经委员会第九次会议上，习近平总书记指出，在"十四五"的碳达峰关键期、窗口期，重点要构建清洁低碳安全高效的能源体系，控制化石能源总量，着力提高利用效能，实施可再生能源替代行动，深化电力体制改革，构建以新能源为主体的新型电力系统。

2022年1月24日，习近平总书记在中共中央政治局第三十六次集体学习时强调，实现"双碳"目标是一场广泛而深刻的变革，不是轻轻松松就能实现的。我们要提高战略思维能力，把系统观念贯穿"双碳"工作全过程，注重处理好4对关系：一是发展和减排的关系；二是整体和局部的关系；三是长远目标和短期目标的关系；四是政府和市场的关系。

电力系统发展现状及展望

当前新能源技术已经成熟，并在一些领域得到推广应用。但在国际上，尚未形成对于新能源的统一定义，不同国家、地区和组织之间对于新能源的界定不尽相同。结合联合国、国际可再生能源机构、国际能源署、《中国电力百科全书》以及百度百科等关于新能源的阐述，对于新能源的定义可总结为：新能源是相对于传统能源而言，在新技术基础上加以开发和利用的能源，包括非水可再生能源和非常规能源两大类（图6）。非水可再生能源主要包括太阳能、风能、生物质能、地热能、海洋能等能源。非常规能源则包括煤层气、油砂、页岩油、页岩气、氢能、可燃冰、核聚变能等能源。

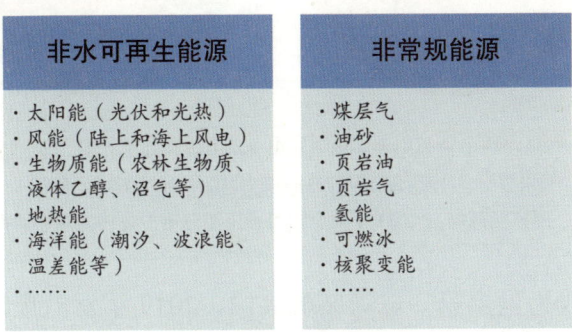

图6 新能源的分类

我国是全球新能源装机规模最大、发展速度最快的国家。如图7所示，截至2021年年底，我国风电、光伏发电装机容量分别为3.28亿千瓦和3.06亿千瓦，约占我国电源总容量的27%（10年前为4.9%），发电量9815亿千瓦时，占我国总发电量的11.7%（10年前约为2%），新能源已成为我国第二大电源。

在我国的"三北"地区，目前已经建成8个千万千瓦级的风电基地、8个太阳能发电基地。部分省份的新能源已成为第一大电源，其中青海省能源结构中，新能源占比60%，甘肃省则接近50%。2021年，西北电网新能源发电量占比达到21.18%，超过同等规模的欧盟电网2.1%。2022年，西北电网新能源单日最大发电量占比达35%，瞬时最大出力占比达48%。

当前，我国的电力系统规模发展迅速，已建成世界上规模最大、电压等级最高的全国互联电网。我国在2008年发电量跃居世界第一，

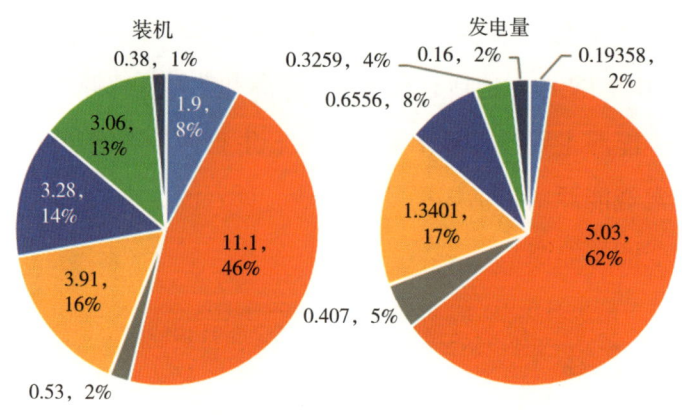

图 7　2021 年我国电源装机机构和发电量情况
（来源：国家能源局，《2021 年度全国可再生能源电力发展监测评价报告》）

2011 年年底成为世界第一电力装机大国，2019 年发电量超过美国、印度、俄罗斯和日本的总和。此外，我国还建成了世界上电压等级最高的交流/直流输电工程、世界上第一个柔性直流电网、世界上最大的电动汽车充电网络等。电力系统的快速发展满足了新能源快速发展的需求，满足了国民经济和社会发展的需求。

在未来，我国电力系统规模仍将快速发展，保持中速或中高速增长。2021 年，我国全社会用电量达 8.3 万亿千瓦时，同比增长 10.3%。按照"十四五"期间 5%、"十五五"期间 4% 的年均增速预测，"十四五"和"十五五"末的总用电量将分别达到 10 万亿千瓦时和 12 万亿千瓦时。

能源结构转型是实现"双碳"目标的必由之路。据多方预测，2060 年我国一次能源消耗总量约为 46 亿吨标煤，其中非化石能源占比将超 80%，风电、光伏成为主要能源，且主要转换成电能进行利用（图 8）。在终端能源消费方面，交通、建筑、工业等行业纷纷将电气化作为实现"双碳"目标的重要举措。预计到 2060 年时，电能占终端能源消费比例超过 70%（图 9）。电力行业是实现"双碳"目标的主战场。

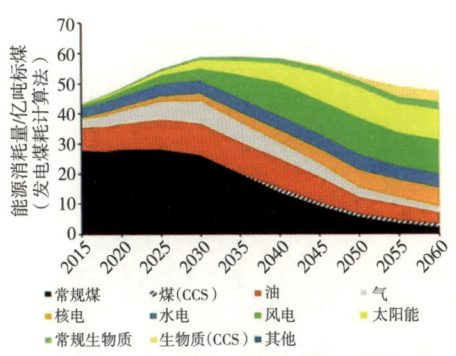

图8 一次能源消费总量与构成

（来源：张希良，《2060年碳中和目标下的低碳能源转型情景分析》）

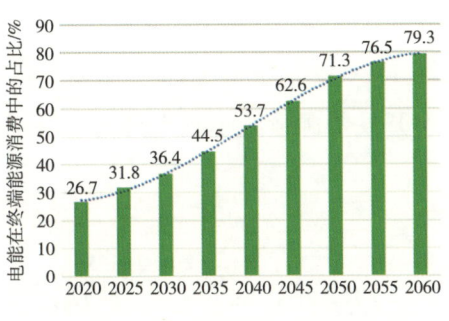

图9 电能占终端能源消费比例

（来源：周孝信，《双碳目标下我国能源电力系统发展前景和关键技术》）

新能源发电是实现"双碳"目标的主力军（图10）。据国网能源院预测，2060年我国全社会用电量约为15.7万亿千瓦时，电源总装机将达到约80亿千瓦。其中非化石能源装机占比和发电量占比均达到约90%，新能源装机规模将超过50亿千瓦，装机占比超过60%，发电量占比接近60%，逐渐成为电量供应主体。

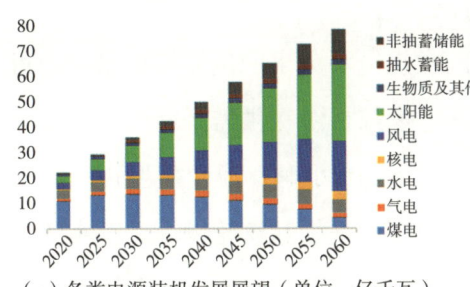

年份	2020年	2030年	2060年
总装机/亿千瓦	22	36~41	78~82
煤电装机占比/%	49.1	31~36	4
常规机组装机占比/%	76	约59	约23
非化石能源装机占比/%	44.8	52~59	88~89
非化石能源电量占比/%	33.9	39~45	86~87

（a）各类电源装机发展展望（单位：亿千瓦）　　（b）整体电力结构发展展望

图10 新能源是实现"双碳"目标的主力军

（来源：1.国网能源研究院，《碳达峰、碳中和条件下电力行业和国家电网面临的形势、任务、挑战及实现路径》；2.中国电力企业联合会，《中国电力行业年度发展报告2020》）

总体来看，我国新能源资源总量可以满足未来中长期新能源开发需求。全国100米高陆地和近海风能资源技术开发量分别为39亿千瓦和4亿千瓦（大于2060年预测装机量）；全国光伏技术可开发量456亿千瓦（大于 2060 年预测装机量）。中部和东部地区风、光资源技术可开发量总计超 20 亿千瓦，目前中部和东部地区已开发的风电和光伏只占可开发资源量的不到十分之一。

新型电力系统发展面临挑战

1882 年，爱迪生在纽约点亮了第一盏电灯。此后，由电源、电网、负荷构成的电力系统不断发展，这一发展过程是自洽的，系统设备能力、系统设计标准和系统所承受的扰动是相匹配的。比如，当我们调度运行 3% 的旋转备用，那电荷预测的精度就在 3% 左右，将发电机调到 40%~50% 就足以应对此时的负荷波动。因此，该系统能够在规定的各种条件下满足可靠供电的要求。当一台最大容量发电机或电网任一元件出现故障时，系统都能应对负荷的波动。

与煤电、水电、核电等常规电源不同，受风光一次能源特性的影响，新能源发电出力具有随机性、波动性。所以就新能源高占比的新型电力系统而言，发电出力的不确定性会增大。

电力生产是一个连续的过程，以常规电源为主的供需特征是出力可控，可通过调整出力以跟踪负荷变化。燃煤机组在供需平衡中承担着重要的作用，但燃煤机组的启动时间至少要 10 小时，通常需要提前打开机器才能保证第二天的供电。此外，燃煤的锅炉和汽轮设计，存在约为 20% 的最小工况。也就是说，当低于最小工况时，燃煤电厂就不能稳燃。因此，燃煤机组在电力生产的过程中，必须既要满足最大负荷，也要满足机组最小出力，才能保证供需平衡。

然而，以新能源发电为主的供需特性是出力不可控且波动性强，需要多种手段协同才能实现供需平衡。新型电力系统中，新能源大规模接入，抢占了常规机组的空间，电力的供需平衡难度因此而加大。为实现新能源的高电量占比，新能源装机需要在最大负荷的3倍以上，远远高于负荷。为保证电能连续供应和新能源的高利用率，则又需要约0.7倍最大负荷的资源来保证灵活调节。因此，新能源的快速发展给新型电力系统带来了充裕性挑战。充裕性挑战主要分为三方面，分别是电力平衡挑战、长周期平衡挑战和空间尺度平衡挑战。

在电力平衡挑战方面，据预测，2030年新能源出力占系统总负荷的5%~61%，2060年则为16%~142%。新能源出力的大波动特性使得供应紧张和弃风弃光的问题同时存在。在新能源低出力时段，需要常规电源和其他形式的能源等多种手段保证电力供应，其可靠容量需满足最大负荷。而新能源长时间高出力则会给消纳和能源转储利用带来挑战。因此，由于时空分布不平衡，尽管电量总量平衡，但仍然可能存在短时局部的电力供应缺口。

在长周期平衡挑战方面，电能供需平衡是多时间尺度、多维度的平衡。瞬时电力的平衡建立在充足的可靠容量基础上，可靠容量建立在充足的装机规模基础上。装机规模还要建立在一次能源可靠供应、矿产等资源可靠供应的基础上，以上物质基础的建立还需要有体制机制环境的保障。2020年，全社会用电量为2.59万亿千瓦时，预计到2030年，用电量将增长2.19万亿千瓦时。2021年，风、光新能源综合年利用小时数为1530小时，平均每1亿千瓦新能源装机的发电量为1530亿千瓦时，约占总用电量的1.8%。当前至2030年的新增电量需要靠多种电源、能源满足。

在空间尺度平衡挑战方面，据测算，我国中部和东部地区分布式光伏可开发容量为15亿~20亿千瓦，年发电量仅为1.9万亿~2.5万亿千瓦时，远不足以满足当地负荷用电的需求。2060年西北地区约有1.6亿千瓦新能源电力外送需求，峰值电力可达2.2亿千瓦。而当前西北跨区外送直流规模为 7071 万千瓦，2060 年时需扩充为当前的 2~3 倍。能源电力空间平衡的需求和挑战大，需解决能源经济社会统筹、输电走廊规划、系统安全保障等问题。

新能源设备还存在低抗扰性和弱支撑性的特性。传统发电设备是由电池感应、电池驱动的，绝缘水平较高、耐受能力较强，而新能源发电设备基于电力电子装置，对电压、频率波动幅度的耐受程度低于常规机组。常规电源的短时过流能力可达 7 倍额定电流，而新能源电源的短时过流能力则只有额定电流的 1.1~1.3 倍。常规电网可实现高压并网，可参与调压和调频，而新能源则只可低压并网，且电力电子器件过流能力较差，导致新能源发电对电网的支撑能力也弱于常规机组。新能源大规模接入并替代常规机组时，将导致电网"空心化"加剧。

电力系统安全是指电力系统对故障冲击具有足够的承受能力，在承受扰动后依然能够保持系统安全、设备安全、用户用电安全。新能源的大规模接入，在开机方式安排中挤占常规机组开机空间，导致系统承受能力下降。我国直流输电规模不断增加，且新能源的低抗扰性易使故障范围扩大，导致系统打击强度不断增加，带来以下一系列系统安全性挑战。

第一，新能源低压并网，支撑和调节能力弱。新能源发电由低压电网经逐级升压接入电网，与主网的电气距离是常规机组的 2~3 倍，新能源机组动态无功、有功的支撑能力弱于常规电源。随着新能源占比快速提高，电网"空心化"加剧，安全稳定运行保障压力持续增加。

第二，系统惯性降低，调频能力下降，频率越限风险增加。新能源大规模接入，挤占常规机组开机空间，系统转动惯量降低、调频能力下降。导致频率变化加快、波动幅度增大、稳态频率偏差增大，越限风险增加。

第三，功角稳定特性复杂，不确定性增加。新能源的控制方式、故障穿越策略、接入位置等都会影响系统功角稳定，耦合关系复杂，且可能引入新的稳定内涵。惯量下降导致稳定问题时间尺度缩短，暂态过程加快。新能源大规模接入使功角稳定特性复杂、不确定性增加，"预案"式安控策略配置困难，失配风险增大，影响电网安全。

第四，宽频震荡现象相继出现。基于电力电子装置的新能源发电设备具有快速响应特性，在传统同步电网以工频为基础的稳定问题之外（功角稳定、低频振荡等问题），出现了中频带、高频带的电力电子装置涉网稳定新问题。近年来，我国河北和新疆等风电汇集地区相继出现震荡现象。宽频震荡问题严重危害设备安全和电网运行安全。

电力系统的核心功能是向用户提供可靠（持续可靠供电）、优质（频率电压等复合要求）、经济（价格可承受）的电能。新能源发电大规模接入，给电力系统带来了充裕性和安全性问题，为了保证电能供应的可靠、优质，需要多设备、多资源、多系统协同作用。传统电力系统向新型电力系统发展过渡的进程中，既需要基础能力建设，也需要体制机制建设，需要通过政策机制设计，厘清利益相关方的权、责、利，理顺系统成本的传导机制，引导能源电力系统健康有序发展。新能源的发电特性给体制机制带来了以下一系列挑战。

第一，新能源发电边际成本低、系统成本高。新能源发电运行时无须燃料，运行成本只包括人员成本、维护成本和材料费用等（图11），相比火电的运行成本很低，导致新能源边际成本极低。但系统运行需要大量的辅助服务，会带来额外的系统成本。以火电灵活性改造为例，火电机组存量高，灵活性改造后可为系统提供大量调节容量和支撑能力，但火电机组的改造成本、改造后运行效率下降的沉没成本，需要通过市场电价机制设计进行补偿。新能源绿色化、低边际成本、高辅助服务需求对市场机制设计带来挑战。

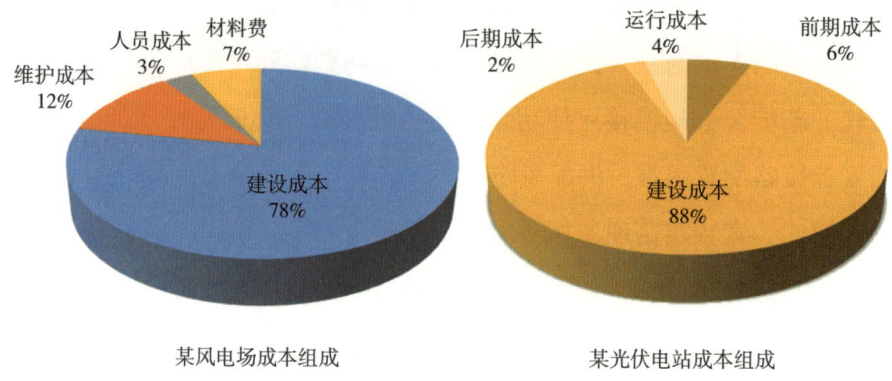

图 11 新能源发电成本组成

第二，新能源发电开发门槛低、建设周期短，开发模式多样。目前风电和光伏建设周期短，规模在不超 50 兆瓦的风电项目建设周期为几个月到一年，地面兆瓦级光伏电站施工期一般在 4～6 个月，与电网规划建设周期不匹配。众筹、互联网金融、实物融资租赁等开发模式推动了新能源快速发展。市场主体多元化与无序建设对市场机制和运行管理带来挑战。

第三，利益主体庞杂交织。随着新能源装机比例的提高，参与市场的利益主体快速增长（可达数十亿元）、平均体量快速下降（骨干企业主导地位降低）。能源消费者转变为产消者、虚拟电厂、电动车以及源—网—荷—储互动技术等使得利益主体同时具有"供方/需方"属性特征。各主体间的利益平衡发生变化且交织耦合，对市场交易和管理机制、政策引导机制的设计提出了更高要求。

第四，在能源转型过程中，环境—安全—经济协同难度大。目标的多样性、基础能源稳定性需求与新能源不确定性的矛盾，以及利益主体庞杂和多属性特征，增大了制度设计对目标可控性的难度，需要通过体制机制设计来引导环境—安全—经济的协同（图 12）。

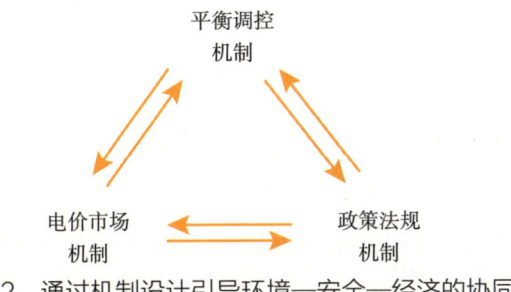

图 12　通过机制设计引导环境—安全—经济的协同

以下是国内外发生的几起重大事件。

案例一：德国新能源发展导致电价飙升。2020 年德国可再生能源电量占比约 46%，其中风电电量占比约 20%，是德国的第一大电源。德国电源装机 2.14 亿千瓦，风光装机占比约 54%，常规电源装机约 1 亿千瓦，最高负荷约 7600 万千瓦，气电等灵活调节电源超过 16%，通过 32 回线路与周边 9 国互联，跨国联络线交换能力为 2000 万~3000 万千瓦。欧洲大陆同步电网和灵活高效的交易机制为德国新能源接入和可靠运行提供重要支撑。新能源补贴费用主要由用户承担，据报道，2020 年德国居民电价平均折合人民币 2.40 元/千瓦时，是欧洲最高水平。尤其 2022 年以来，受能源供应紧缺影响，电价更是日益飙升。

案例二：美国得克萨斯州事故——极端天气造成供电充裕度不足。2021 年 2 月中旬，美国得克萨斯州极端寒潮天气导致用电负荷大增，然而以气电为主的常规机组由于一次能源短缺而出力降低。同时由于低风速和冰冻等原因，装机容量 25 吉瓦的风电平均出力不足 4 吉瓦，为预期平均出力的 50%~60%，最低时出力仅有 0.65 吉瓦，引发电力短缺。得克萨斯州批发电价一度突破了 9 美元/千瓦时，与平日电价相比增长 300 多倍。据估算，居民家庭单月电费将超过 1 万美元，同时导致得克萨斯州最大的电力公司布拉索斯破产。

案例三：英国"8·9"大停电事故与澳大利亚"9·28"大停电事故。近年来，国外高比例新能源电网安全事故频发。2019年8月9日，英国伦敦北部输电线路遭遇雷击，后接连发生电源出力损失、风电场因抗扰能力不足脱网，故障冲击超出系统调节能力，导致频率持续跌落，造成包括伦敦在内的大规模停电事故，事故发生时风电出力占比超过30%。

2016年9月28日，台风和暴雨袭击澳大利亚南部地区电网，由于多条联络线故障跳闸、风机连续低压穿越失败以及高比例新能源系统的低惯量特性，最终致使南澳大利亚州电网因频率崩溃全停，事故发生时新能源发电占比高达48.36%。

案例四：澳大利亚电力市场停摆，现行市场机制无力应对极端事件。2022年6月15日，澳大利亚能源市场运营机构（AEMO）宣布自14:05起暂停全国电力市场所有地区的现货交易，这是其首次在全国范围内暂停电力市场交易。此外，AEMO还发布了随时断电、限电的预警。在停牌前，AEMO发布了一系列电力供应缺口三级预警。其中新南威尔士州在6月16日下午的预测供应缺口高达400万千瓦，维多利亚州缺口超过200万千瓦。AEMO的首席执行官认为："已经不可能在确保可靠、安全供应的情况下继续维持澳大利亚电力现货市场的运行。"

案例五：部分欧洲国家因天然气供应受限，临时重启煤电。由于天然气供应紧张，德国、奥地利、荷兰先后宣布将重新启用燃煤发电，意大利、法国等也有相关计划。其中，德国于2022年6月宣布计划重启10吉瓦封存的煤电装机容量，预计未来12个月使发电用天然气量减少62%（2021年德国天然气发电量约占总发电量的15%）。荷兰政府决定在2022—2023年解除对燃煤发电的限制，燃煤电厂将再次获准满负荷运行。欧洲能源转型遭遇"黑天鹅"，能源安全要有底线思维。

案例六：我国局部电力紧缺，有序用电。2021年，先后两轮"电荒"席卷全国，波及20余个省市。第一轮"电荒"自5月开始，云南、广东等部分南方省份的工业企业大面积限产。第二轮"电荒"始于9月，在能耗双控政策的指导下，全国大量省市对于高耗能产业用电进行限制。同时，东北地区风电出力骤减，出现居民拉闸限电的情况。2022年极端气候引起西南地区电力紧缺，高温和干旱天气带来了用电需求的激增和水电供给的减少，造成短期内缺电的情况。四川最高负荷增长25%，居民日用电量增幅达263.8%，水电日发电能力降幅超50%。全国采掘接续紧张及即将紧张的煤矿占比约15%，也暴露了保供短板。

"能源贫困"曾经主要针对发展中国家，目前通常是指家庭中将净收入的10%以上用于取暖、热水、烹饪和电力的群体（汽车燃料的支出不包括在计算中）。德国有25%、意大利约17%、爱尔兰则有43%的人陷入"能源贫困"。2021年，美国低收入家庭的能源使用费为3399美元，约1/6的家庭无力按时支付能源账单。英国年平均能源账单预计将达4140美元，半数家庭或陷入"能源贫困"。目前国际煤炭现货价格更是高达380美元/吨。我国平抑煤炭价格沿海采购指标稳定在700~800元，到厂煤价也可想而知。

总而言之，当前新型电力系统发展面临多方面挑战。新能源利用小时数（风电约2100小时，光伏约1200小时）远低于负荷利用小时数。新能源要获得高电量占比，其装机容量需要远远大于负荷。新能源大规模接入给电力系统带来多方面挑战：一是新能源发电出力具有随机性、波动性，电力电量时空分布的极度不均衡带来了充裕性挑战；二是新能源发电设备具有低抗扰性、弱支撑性，新能源发电大规模替代常规同步机组，给系统带来了安全性挑战；三是新能源发电的安全高效消纳增加系统成本，多利益主体、安全经济环境间相互制约，给系统带来了体制机制挑战。

新能源高电量场景是实现"双碳"目标的内在需求，在新型电力系统的构建过程中，能源电力系统的经济—安全—环境"矛盾三角形"（图13）将长期存在。"矛盾三角形"即世界能源委员会同能源三难指数（图14）一起提出的概念，由安全、经济、环境三个角度构成：新能源发电的出力特性、设备特性影响能源电力系统安全；为解决供应安全问题而增加的高系统成本影响能源电力系统的社会公平属性/经济性；新能源发展既是环境可持续的内在需求，但同时也会产生声光问题和高材料消耗等资源环境问题。

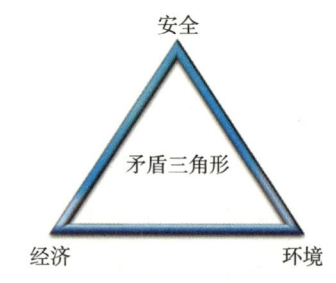

图13 经济—安全—环境"矛盾三角形"

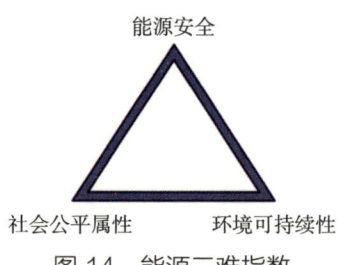

图14 能源三难指数

如何在保障能源安全供应的前提下，经济高效地实现"双碳"目标，是一个复杂的系统性问题，需要秉持国家站位、全局视角、系统思维，在构建新型电力系统的演化过程中，找准不同发展阶段的主要矛盾，用系统观念寻求环境—安全—经济矛盾三角形的破解之道。

系统观念认知新型电力系统

新型电力系统的构建，不是一项技术、一个人、一个行业、一个企业就能够实现，而是要靠全社会共同的努力。在"双碳"目标背景下，新型电力系统在本质特征上有显著的变化。新的特征带来了系统要素变化、要素关联关系的变化，需要进一步加强系统观、全局观，从系统层面重新审视、认知电力系统，厘清新的矛盾主体和矛盾演化规律，以适应新型电力系统发展与建设的需求。

新型电力系统包括新的功能定位、新的供需特性、新的产业基础、新的市场机制、新的政策法规、新的结构形态与新的关键技术，接下来分别展开介绍。

新的功能定位是指随着电力占终端能源消费比例的提高（2020年为27%，预计到2060年达80%），电力在国民经济和人民生活中的战略性、不可或缺性、基础性（是其他行业的基础能源）、全局性（能源转型、"双碳"目标）和系统性特征更加突出，电力安全将成为能源安全的重要内涵和重要保障。新的功能定位决定了要以广阔的能源视角、系统体系、底线思维来应对新型电力系统面临的挑战，也决定了新型电力系统构建不仅仅是行业目标、企业目标，更承载着能源转型、"双碳"目标实现的重要使命，需要全社会、各行业、各参与方的协同配合和共同努力。

新的供需特性在于新能源电力具有强不确定性和低保障性。我国用电负荷高峰时段，新能源仅按装机容量的5%~10%纳入电力平衡，2030年新能源出力占系统总负荷之比为5%~61%，新能源呈现"大装机、小电量"特征。此外，根据预测，未来高峰负荷增速快于负荷电量增速,"极热无风、晚峰无光"以及极端天气下,负荷与新能源出力的负相关性等特征明显,供需两侧呈现出新的特性,时空平衡难度增大,需要相关基础设施和平衡能力的规划建设、促进投融资的金融机制、电力安全属性与社会公平属性的统筹平衡、能源系统对电力系统的保障、全社会的共同参与等来维持供需匹配。

新型电力系统建立在新型产业链的基础上,物质基础、技术体系和瓶颈环节将发生变化。据国际能源署报告指出:陆上风电场所需的矿产资源是类似规模燃气电厂的9倍,作为新能源产业的重要原料,2040年锂、钴、镍等金属年消耗量相比2020年的水平分别增至42、21、19倍。部分能源技术的矿物单位需求量如图15所示。目前我国铝、锂、铜铁、镍对外依存度分别约为60%、70%、80%、90%,同时美国组建十国矿产资源联盟,强化对新能源矿产的掌控,关键矿产原料等产业链的供应安全成为能源供应安全新的组成部分。需加强战略规划、政策支持、矿产探采技术创新等,完善矿产资源供给保障体系,保证产业供应链的多元化和安全性。

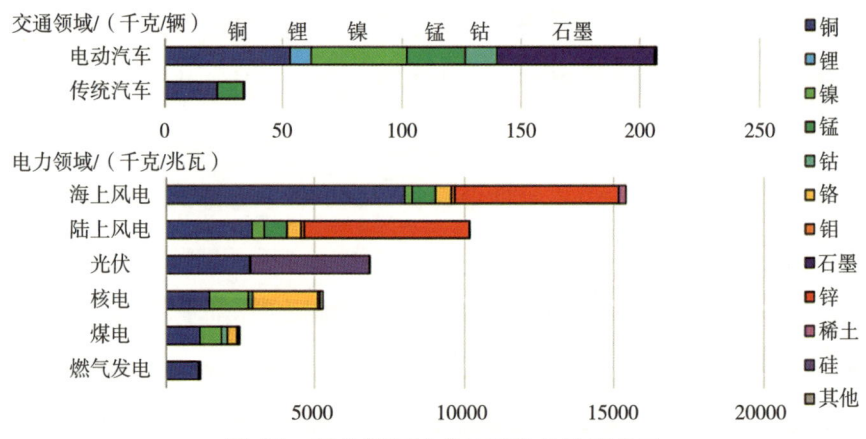

图15 部分能源技术的矿物单位需求量

(来源:IEA, The Role of Critical Minerals in Clean Energy Transitions)

从电源结构看，新能源装机规模不断扩大。预计到2060年，占比将超过60%，多种形式的储能和能源品类参与系统平衡，同时，新能源空间分布广、数量多，发电单元将达数千万个。从电网形态看，呈现交/直流混联、大/微电网共存、交流同步机制为主的多层级多元电网形态和多种运行机制，从负荷形态看，产销合一，冷、热、气、电多种能源供应形式深度耦合，工业、交通、建筑深度电能替代。新的结构形态决定了新型电力系统是以电力为平台、电网为枢纽核心的多能源、多行业、多区域、多层次耦合的综合能源系统（图16）。

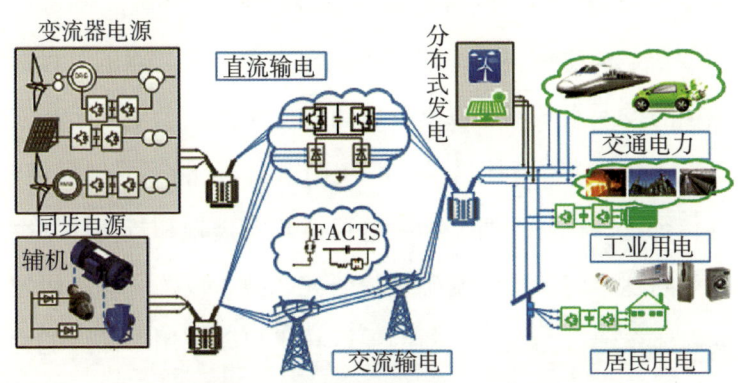

图16　新型电力系统电源结构、电网形态变化

电力市场建立在可靠、安全的电力供应基础上。在新能源高占比场景中，电力电量总量充盈与时空不平衡矛盾突出，将呈现丰饶和短缺交织的新市场形态。需要完善以电量交易为主、价格主导的市场形式，建立健全体现电力供需格局和电力系统特征的市场机制和多层级多种类统一市场体系，合理分摊和传导新能源接入系统成本。同时协调调动多利益主体共同参与辅助服务等多层级市场，通过保障、激励机制及有效的监管机制，稳定投资者预期，确保安全可靠经济可持续的电力供应，实现系统整体价值最优。

在政策法规方面，自 1996 年 4 月 1 日起施行的《中华人民共和国电力法》是在新能源发展初期制定的，未来作为新型电力系统的"主体电源"，新能源的不确定性、高系统成本及相关的矿产开发、退役回收等问题给能源电力的安全、经济、清洁供应带来新的挑战，建立适用新型电力系统的政策规范引导其健康发展十分必要。比如规划的法律地位和责任关系、电力监管的重点和方式、电力商品和安全双重属性的统筹、供电营业区与微电网/产消者的关系、同网同质同价、电力可获得的公平属性，等等。同时需要注意不同政策法规之间的衔接和协同，以及与市场机制、供需关系等的协同。

技术创新是构建新型电力系统的关键支撑。在"双碳"目标的大背景下，现在的技术水平不足以支撑电力供应保障以及电网运行安全，电力市场建设及碳捕集、利用与封存（CCUS）、氢能等的规模经济利用，需要政府、企业、科研院所、高校等通过相关规划和行动计划突出战略需求导向和问题导向，加大基础理论研究、技术攻关、装备研发、示范工程和创新体系建设的投入。新的关键技术研发应用、保障能力建设将会进一步增加系统构建的成本，需要体制机制、商业模式的系统性创新，多行业协同优化，共同推动关键技术经济高效落地应用及系统的转型升级。

随着新能源占比的提高，电力系统所要应对的扰动也随之增强且客观存在，体现在电源侧、电网侧、负荷侧，但是由当前法规、标准和技术构建的电力系统难以在如此扰动下可靠供电。新型电力系统不是一个新技术全面替代旧技术的系统，而是一个在现有基础上新旧技术结合，用新政策法规、新体制机制、新标准规范、新产业基础构建的动态发展的系统，是一个用新思想理念构建的多系统交互、多能源耦合的系统。需要各级政府、各行各业协同配合，系统性施策，应对系统构建中的各种挑战和矛盾。

结　语

电力系统是能源革命的主战场，新型电力系统是现代能源体系的主体。新型电力系统是落实"四个革命、一个合作"能源安全新战略，加快构建"清洁低碳、安全高效"的能源体系，实现"碳达峰、碳中和"目标的重要举措。为此，我们应积极发展安全可靠、清洁低碳的能源，大力发展新能源，倡导低碳简约的生活方式，将能源消费总量控制在一定水平。

新型电力系统的构建是一项复杂的系统工程，"矛盾三角形"将长期存在。新型电力系统构建是经济社会转型过程中新型能源系统构建的问题之一，与经济社会转型互为条件，应结合其整体性特征，加强国家层面的顶层设计，统筹政策法规、技术经济、创新发展、产业转型和行业协同等，协调安全—环境—经济的矛盾，实现国家整体利益最大化。

要高度重视新能源快速发展带来的安全和经济性挑战。随着新能源占比升高，电力系统面临扰动增强和抗扰能力减弱带来的安全性挑战，以及系统成本增加、许多隐性成本和隐性需求逐渐显性化带来的经济性挑战，需要界定电力的安全属性和商品属性，加快技术创新，合理传导电力成本，清晰认识新型电力系统建设的艰巨性。

需要从全局视角、系统思维看新型电力系统。新型电力系统是一个各参与主体、各关键要素都能和谐健康生长的生态系统，是一个以电力系统为枢纽平台的多行业和多能源耦合协同的信息物理社会巨系统，是一个建立在信息化、智能化、数字化基础上高度交互融合的智慧系统，是一个以电力为平台、在现有基础上用新法规等构建的能源新体系。

互动环节

问题一：我国的储能技术，在国际上处于什么水平？

答： 在电化学储能方面，无论是技术、产业，还是装机，我国都走在世界的前列。在氢能方面，我国基本与国际水平同步，但与欧洲国家及日本相比，在技术方面仍存在一定的差距，如制氢技术、氢燃气轮机技术等。

当前，我国的氢储能处于初期阶段，所进行的多为前期示范工作，计划于2030年进入大规模发展阶段。在此之前，我们还有时间进行发展。在其他储能技术方面，如抽水储能、压缩空气储能、液流电池等，我国的发展水平与国际保持一致。

问题二：钠锂电池与锂电池类似，它可以作为锂电池的补充吗？

答： 目前，在丰富的电池技术当中，真正最接近锂电池的技术就是钠锂电池技术。二者工艺相似、装备一致，并且，钠锂电池的技术水平也在不断提高。

当下，钠锂电池在学术界与产业界关注度非常高，最主要的原因在于：一是，电动化发展速度越来越快，迫切需要大量的电池。二是，锂电池原材料大幅涨价，促使大家寻找新的电池体系。钠锂电池在资源方面有明显的优势，不受资源的限制，提取相对比较容易。此外，过去30年来，我国锂电池快速发展，目前除碳酸锂外的原材料基本实现国产化。我国制造锂电池的装备与技术都领先于国际水平，因此钠锂电池可以在此基础上发展，以满足当前的需求。

但是，在日常应用中，如电动车的电池选择，当面对同样体积大小的钠锂电池和锂电池时，锂电池是首选，因为锂电池的密度更高，而钠锂电池的主要应用场景是储能，对于能量密度的要求相对不高。不过，在短续航电动车上，如行驶里程在300～400千米以内的两轮、三轮电动车，使用钠锂电池也完全没有问题。

问题三：我们是否会面临电网安全的问题？

答： 随着新能源装机比例的提升，对于电网安全的担忧已经十分迫切。目前国外已经发生4起与新能源高比例接入密切相关的停电、缺电事故，具体的事故在以上报告中已经提到。这4起事故可以分为两类，第一类在于新能源的低抗干扰性与弱支撑性，第二类在于新能源的间歇性。因此，我们需要用系统的观念来解决在推进"双碳"目标过程中建设新型电力系统面临的一系列问题。

问题四：利用核电技术，可以助推电网稳定性发展吗？

答：核电必须大力发展。我们应在安全的基础上考虑内陆核电发展。当前，由于核电技术门槛较高，我国铀矿不甚丰富，所以目前核电在国家电网中占比较小，且未来规划也并不多。但是，在理想状态下，预估到 2035 年，我国核电在运和在建装机容量将达 2 亿千瓦左右。

中国科技会堂论坛第十九期
元宇宙：未来的数字化世界

导读

2021年，元宇宙成为科技领域最火的风口之一。国内腾讯、字节跳动等公司纷纷进入相关领域，国外微软、英伟达等公司也均已布局，脸书更是宣布将公司改名为"元"（Meta）。

早期，它被誉为"互联网的未来"，嫌弃资本市场资金围猎热潮。经过一段时间的发酵，又有媒体发声呼吁防范元宇宙炒作风险。那么，元宇宙究竟是什么？为什么会引发新一轮的关注？

面对全球元宇宙技术发展的热潮，中国是否能迎来一个新的机遇？"美国版元宇宙"抢先占据元宇宙领域发展话语权，中国如何构建自主可控的元宇宙技术标准体系？又将如何发挥自身优势，迎头赶上，实现弯道超车呢？

主讲嘉宾

张 平

中国工程院院士，北京邮电大学网络与交换技术国家重点实验室主任。长期致力于移动通信理论研究和技术创新，担任 IMT-2020（5G）专家组成员、IMT-2030（6G）推进组咨询委员会委员。曾获国家科学技术进步奖等奖项。

丁刚毅

北京理工大学计算机学院党委书记兼软件学院院长、数字表演与仿真技术北京市重点实验室主任，中国仿真学会元宇宙专委会主任委员。主要从事数字表演与仿真、装备模拟训练仿真、大规模人群仿真、环境仿真等研究。

互动嘉宾

李 舟 中国科学院北京纳米能源与系统研究所研究员。主要从事植入/穿戴电子医疗器件等领域研究。

吴 坚 京东方科技集团视觉艺术业务总经理。曾担任京东方冬奥项目总指挥。

> 主讲报告

元宇宙问题及对策思考

主讲嘉宾　张　平

元宇宙背景分析

自元宇宙的概念被提出，至今已有30年的时间。最初，元宇宙被理解为运用技术手段来构建现实世界与虚拟世界的融合空间。近年来，伴随着区块链、物联网、网络及运算、人工智能、电子游戏技术、混合现实等支撑技术的发展，元宇宙被赋予充分互联、永久保存、全景再现、泛在接入、高度沉浸等新特征。如今，元宇宙泛指虚实融合的"智能数字世界"，即人类运用数字技术构建的由现实世界映射或超越现实世界、可与现实世界交互的虚拟世界。

当前，我国数字化基础设施建设及传统产业升级改造并不是元宇宙的全貌，而是为元宇宙筑路的过程。元宇宙产业链条的结构自下而上分别是数字基础设施、技术底座，以及各种数字化应用。

从1995年至今，数字化建设经历了一系列的技术迭代升级（图1）。算力实现了从传统数据中心、云计算/区块链，到算力网络、隐私计算、跨链计算，再到多链融合/强人工智能的迭代。通信网络经历了1G、2G、3G、4G时代，如今正从5G向6G时代迈进。交互媒介/终端经历台式功能机（PC互联网）的时代，以搜狐、网易等为代表；到智能手机（移动互联网）的时代，以阿里和腾讯等的平台经济为代表；未来将向AR/VR（下一代互联网）时代、脑机接口以及自主智能体时代升级。信息形态经历一维信息（文本/语言）、二维平面（图像/音视频）、三

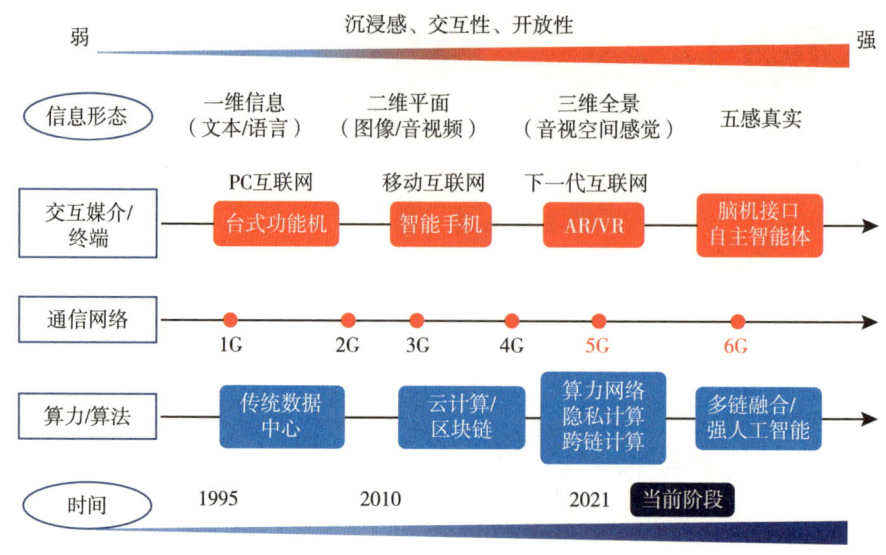

图 1　数字化建设的发展

维全景（音视空间感觉）到五感真实的发展。整体的沉浸感、交互性、开放性逐渐由弱到强。

当前，我国正在强力发展新的数字技术，包括网络基础设施部署、AI/云等新技术设施部署、算力感知网络三方面。网络基础设施部署包括卫星、无人机等空中通信设施部署，光缆卫星、微波、毫米波、智能超表面、大规模多进多出（MIMO）、工业互联网、物联网等 5G 设施部署。AI/云等新技术设施部署包括内生智能的新星空口及网络架构、云—边—端协同部署、区块链赋能 5G 网络安全保障。算力感知网络包括通信、计算、存储一体化信息系统以及算力资源的统一建模度量、统一管控、智能化调度。

元宇宙的本质是虚拟的社会经济系统，是以虚拟现实互联网应用为承载，融合网络通信、新型交互、数字孪生、AI、数字内容创作、区块链等多种技术而构建的虚拟社会经济系统。也就是说，元宇宙既是一个社会，也是一种经济，还是一套系统。

元宇宙开辟了数字经济的新范畴（图2）。从农业革命到工业革命，生产要素不断增多，在当下数字革命的发展进程中，数据也成为数字经济社会的新生产要素，信息与通信技术（ICT）成为驱动数字经济的引擎。

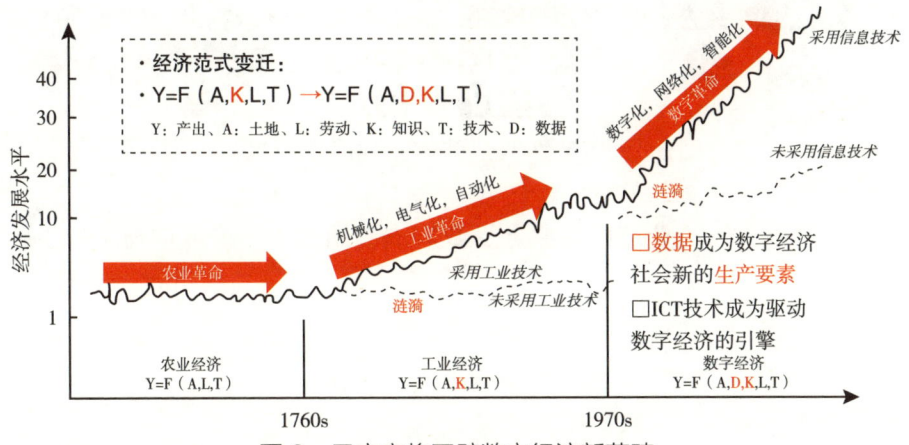

图2　元宇宙将开辟数字经济新范畴

从经济范式来看，我们经历了从规模经济到范围经济，再到分布式经济的变迁。规模经济实现了实体制造与知识产权的分离，以福特汽车、丰田汽车、首钢集团、宝钢集团等为代表。范围经济实现了线上支付与线下交付的分离，以阿里巴巴、美团、微博、微信、抖音、知乎等为代表。分布式经济则是数字资本与虚实共创的融合，以"元"等美国互联网公司等为代表。元宇宙数字经济与其他现存经济的异同如图3所示。

美国元宇宙发展技术分析

当前，美国已构成非常丰富的元宇宙产业链（表1）。基础设施层包括：通信网络基础设施、算力基础设施、新技术基础设施。核心层包括：终端入口、时空生成、交互体验、产业平台。应用服务层包括：消

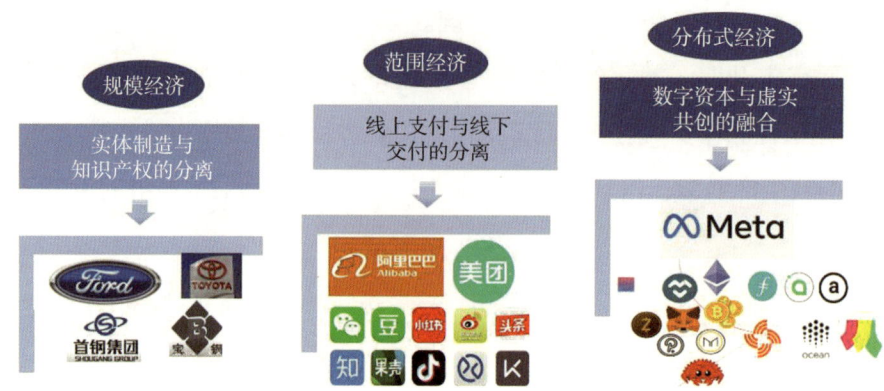

图 3　元宇宙数字经济与其他现存经济的异同

费端应用服务、行业端应用服务、政府端应用服务。产业链与生态链相对比较完整。

表 1　美国元宇宙产业链

产业链环节		企业
基础设施层	通信网络基础设施	Verizon、AT&T、T-Mobile、Sprint、亚马逊、IBM、思科、通用电气、谷歌、英特尔、微软
	算力基础设施	亚马逊、微软、戴尔、ClearBlade、思科、谷歌、IBM、英特尔、微软、SAP
	新技术基础设施	亚马逊、微软、谷歌、IBM、Kamatera、Serverspace、Linode
核心层	终端入口	谷歌、苹果、微软、Meta、Magic Leap、德州仪器、高通
	时空生成	Unity、英伟达、Autodesk、Epic Games、罗布乐思（Roblox）
	交互体验	Thalmic Labs、Virtuix、Cyberith
	产业平台	Meta、微软、谷歌、英伟达、Sandbox、Roblox
应用服务层	消费端应用服务	谷歌、Epic Games、EA、世嘉、Valve、Jaunt
	行业端应用服务	Meta、Valve、IBM、BBC、Youtube、Discovery VR
	政府端应用服务	谷歌、亚马逊、微软

下面以几家美国企业为例进行分析。

2021年10月28日，脸书（Facebook）首席执行官马克·扎克伯格在 Facebook Connect 大会上宣布，将 Facebook 更名为 Meta。Meta 来源于元宇宙（Metaverse）一词。公司的底层架构为通过自主研发与收购相结合，通过对包括计算机视觉、面部视觉、眼动追踪、人工智能、VR/AR 变焦技术等的密集投资，以充实技术储备进而发展元宇宙。2014—2020 年 Meta 收购的 VR/AR 相关技术公司和团队包括：西雅图 Xbox360 手柄设计团队 Carbon Design、3D 建模 VR 公司 13th Lab、游戏开发引擎 RakNet、计算机视觉公司 Nimble VR、计算机视觉团队 Surreal Vision、以色列深度感测技术与计算机视觉团队 Pebbles Interfaces、苏格兰空间音频公司 Two Big Ears、原型制作公司 Nascent Objects、爱尔兰 Micro LED 公司 InfiniLED、面部识别技术创企 FacioMetircs、瑞士计算机视觉公司 Zurich Eye、丹麦眼动追踪创企 The Eye Tride、德国计算机视觉公司 Fayteq、虚拟购物与人工智能创企 Grostyle、脑计算（神经接口）创企 CTRL Lab、伦敦计算机视觉创企 Scape Technology、瑞典街道地图数据库 Mapillary。

目前来看，Meta 有能力将一系列前沿科技进行整合后，以极低成本快速注入市场。在 2021 年的 Facebook Connect 大会上，Meta 公布了扩展 Spark AR 平台功能的计划，将连接 AR 开发者、降低 AR 制作门槛与构建 AR 学习课程进行一体化构建。在连接 AR 开发者方面，Meta 团队目前正在开发新的工具来帮助 Spark AR 创建者在物理世界中放置数字对象，并允许用户通过深度与遮挡来真实交互，从而为开发者提供更多工具，来构建基于智能手机与即将推出的 AR 眼镜 Project Nazare 的体验。在降低 AR 制作门槛方面，为了帮助更多的人贡献 AR 内容，Meta 创建了一个名为"Polar"的全新应用，允许没有美术、设计或编程经验的新手创作 AR。在构建 AR 学习课程方面，为了帮助初学者与经验创作者提高技能，Meta 正在扩展相关的专业课程，增加认证流程。目前，团队已将一系列的 Spark AR 课程放到 Course 与 edX。

2021 年 10 月，Meta 人工智能部门公布了名为"Ego4D"的 VR/AR 研究项目，与全球 13 所大学和实验室合作，主要通过搜集 3000 多个小时的第一人称镜头训练 AI，以第一人称理解感知世界。为丰富元宇宙开发工具，Meta 还推出了涵盖一系列机器感知与人工智能功能的新工具平台——Presence Platform，以专注虚实融合，其中包含了多种基于 AR 透视的功能以及语音和手势交互工具。从其各项功能可以看出，在未来，Meta 想要打造一个 AR 和 VR 无缝衔接的虚拟平台。

此外，Meta 还在积极推广数字货币 Diem 和电子钱包 Novi，期望建立全新的经济秩序。Diem 原名 Libra，是 Facebook 开发的一种数字货币，由美元支撑以保证其稳定。Libra 的使命是建立一套简单的、无国界的货币和为数十亿人服务的金融基础设施。同时，Meta 也正在打造 NFT 产品和功能，数字钱包 Novi 即可用于存放 NFT。

另一家全球最大的游戏内容制作及线上娱乐平台罗布乐思。平台旗下同名产品 Roblox 是一个提供游戏创作、在线游戏与社交的平台。Roblox 平台在移动端、PC 端、主机端、VR 端互通，形成了跨游戏的社交体系。平台游戏用户拥有跨平台、跨游戏的统一虚拟角色，使得社交关系得以延续。此外，用户还能够使用平台提供的游戏引擎开发游戏并赚取开发者分成。Roblox 内设一套"虚拟经济系统"，这一经济系统有两大特点：一是玩家拥有真实的"币权"，玩家花费现实货币购买虚拟货币 Robux；二是将玩家的游戏时间货币化，即玩家的使用时长可被折算成开发者的分成收益。Roblox 平台中的 Robux 分成模式及比例如图 4 所示。

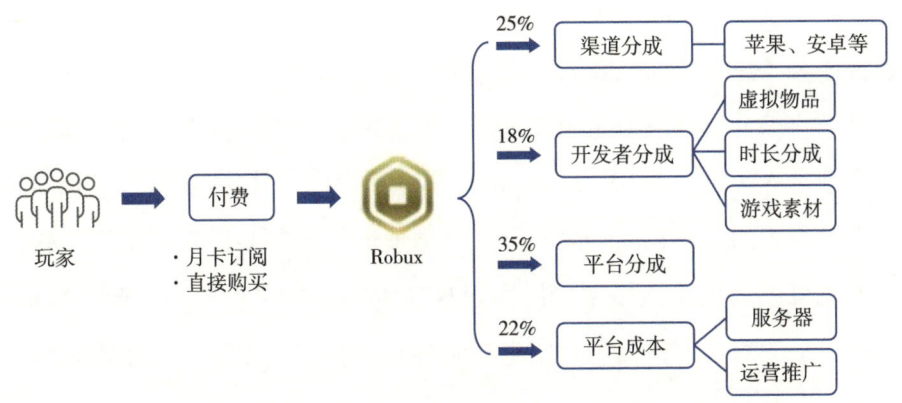

图 4　Roblox 平台中的 Robux 分成模式及比例

人工智能计算公司英伟达（NVIDIA）卡位元宇宙世界硬件底层，深耕图形处理器（GPU）技术，构建元宇宙技术底座。当下，AI、云计算、数据分析与高性能计算等核心科技行业已离不开顶级图像处理技术的强力支持，而独立显卡这一领域正是由 NVIDIA 与超威半导体公司（AMD）主导。除 GPU 核心技术之外，NVIDIA 还将业务范围进一步辐射至数据中心、高性能计算、AI 等领域。基于 GPU 构建的软硬件一体生态，是构建元宇宙的技术平台底座。

亚马逊（Amazon）引领云计算行业发展，聚焦于技术底层的能力建设。在 2021 年亚马逊云科技 re:Invent 全球大会上，亚马逊全球副总裁、亚马逊云科技大中华区执行董事张文翊表示："我们认为元宇宙一定是云计算可以大量赋能的一个领域。元宇宙本身需要的就是计算、存储、机器学习等，这些都离不开云计算。"此外，Amazon 还与 Meta、英佩游戏（Epic games）等公司展开了深度合作，为其提供云计算服务支持。

2021 年 5 月，在微软 Build 开发者大会演讲中，微软首席执行官萨提亚·纳德拉首次提出"企业元宇宙"（Enterprise Metaverse）概念，他将一系列 Azure 产品描述为元宇宙。微软的"企业元宇宙"是建立在微软智能云（Intelligent Cloud）和智能边缘（Intelligent Edge）的基础上，通过数字孪生技术（Digital Twins）建立的虚拟数字世界。数字孪生即对物理世界（Physical Environment）进行建模，模拟同步出一个相同的数字世界（Digital Environment）。当物理世界和数字世界同步后，软件技术就可以运用于该模型，以实现现实世界和数字世界的资产、数据、人物关系的交互，进而用数字世界指导现实世界的发展，实现物理与数字的真实融合。

在元宇宙布局中，苹果（Apple）公司着力将元宇宙的硬件入口——AR/VR 设备，推向通用型硬件。相比于 VR，Apple 更看好 AR。其深入布局 AR 核心环节，自研与收购并举，不断充实底层技术实力，布局 AR 核心环节与关键技术。

整体来说，美国元宇宙的产业链条（图 5）涵盖了从基础设施到技术底座（图 6），再到各种元宇宙应用以及如 USDT、Libra 等金融支持的链上可信支付体系各部分。其中技术底座是实现理想元宇宙技术运行状态的基础。

元宇宙需要大规模用户持续在线、高沉浸感/高仿真、高效内容生产、去中心化信息储存和认证四个层面共同加持，以实现元宇宙包括身

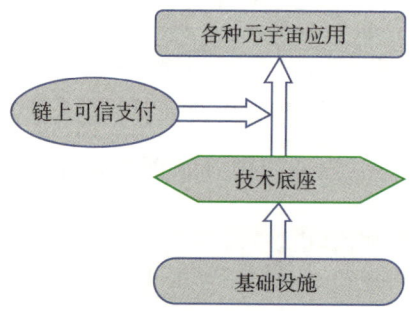

图 5　美国的元宇宙产业链条

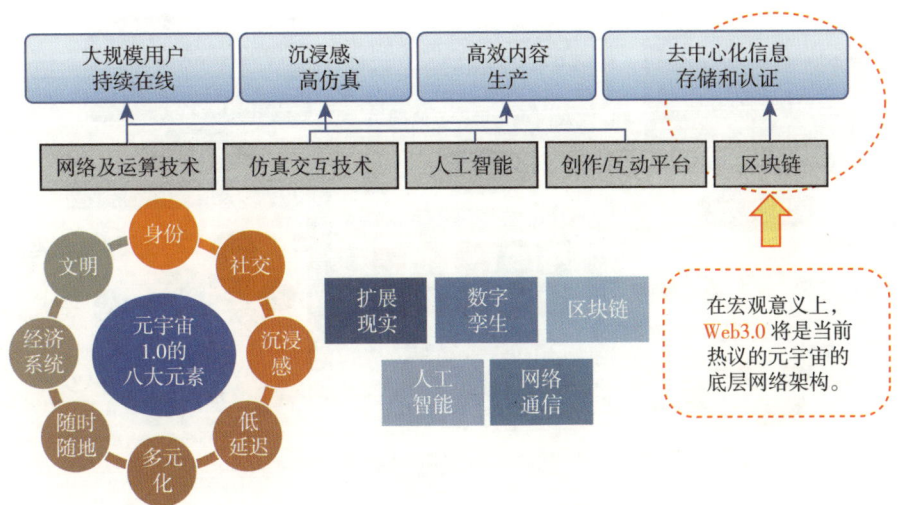

图 6　元宇宙的技术底座

份、社交、沉浸感、低延迟、多元化、随时随地、经济系统、文明这八大元素。从宏观意义上来看，Web3.0将是当前热议的元宇宙底层网络架构。

2014年，以太坊联创和波卡（Polkadot）创始人加文·伍德博士提出了全新的Web3.0设想，发起成立了Web3基金会。随后，作为Web3基金会主席，加文·伍德发表博文《Web3.0应该是什么样的》，首次系统地提出了Web3.0的概念。Web3.0是指在包括区块链技术等一系列技术的推动下，更加去中心化、更加可信、更加安全的互联网。Web3.0可让用户掌握自己的身份、数据资源和要素禀赋，从而实现自身经济价值的互联网。Web3.0将打破平台垄断，推动广泛的、自下而上的创新，创造新业务模式和新市场，启动新全球数字经济系统。

互联网的演进（图7）经历了从Web1.0到Web2.0再到Web3.0的过程。Web1.0是第一代万维网，以中心化为特征，用户只能通过网页阅读和分享信息。Web2.0是双向可写可读的网络平台，用户之间也可

图 7　互联网的演进

以进行相互交流，同样以中心化为特征。Web3.0 则是去中心化的可信价值互联网，不依赖于任何中心组织，完全由用户掌控。Web3.0 的到来将彻底打破现在科技巨头的垄断现状，改写当前数字经济的运行方式，引发大量自下而上的创新。

元宇宙是建立在 Web3.0 之上的终极应用生态系统（图 8）。Web3.0 构建的网络生态，可实现可信地承载个人的社交身份和资产，以及个人在该社会经济系统中的资源禀赋、价值创造和价值实现，支撑起新的虚拟社会经济系统。从这个意义上来看，元宇宙只是一个应用，而真正的技术成本在于对 Web3.0 的建设。因此，元宇宙对于中国是否具有实用价值，是一个值得分析和讨论的问题。

从生态体系来看，元宇宙与 Web3.0 处于重合状态，即 Web3.0 的网络生态非常匹配元宇宙的生态构建需求。从技术体系来看，Web3.0 的技术特征需求补全了元宇宙生态的底层技术支撑基座的拼图。从演进历程来看，随着 Web3.0 技术双向渗透，"虚拟"和"现实"的界限将逐渐被打破，用户身份将跨越 Web2.0 时代大平台中心的生态"鸿沟"，

图 8　元宇宙——Web3.0 之上的终极应用生态系统
（来源：国盛证券研究所）

催生极富想象力和创造力的元宇宙系统。

我国发展元宇宙所面临的问题

2022 年 5 月 30 日，中共中央政治局委员、国务院副总理刘鹤在中国工程院第十六次院士大会上提出"加强网络信息技术研究：确保网络技术体系可控性，加强人工智能技术研发，重视区块链、数字货币等技术创新"的要求。我国必须主动开展元宇宙基础设施关键核心技术的攻关工作，避免出现我国成为元宇宙的全球最大数据生产国，而美国却主导全球元宇宙技术标准和规则的局面。

当前，全球的元宇宙技术发展仍然处在初始阶段，中国必须抓紧时间迎头赶上，必须引领世界元宇宙科技发展前沿，打造完全自主可控的中国元宇宙基础设施与生态环境。在政治层面严防渗透，维护国家意识形态和价值主张，建设中国特色的精神文明。在经济层面突破堵点，发展元宇宙数字新经济产业，推动现有制造业转型升级。在科技层面超前布局，打破欧美等国在元宇宙基础设施方面的技术垄断，掌握核心技术与话语权。在网络安全层面自主可控,保障网络空间安全与国家安全。

对此,我国需要进行以下几方面的研究。

第一,构建实体与虚拟深度融合的元宇宙经济体系。Web3.0打通了元宇宙虚拟世界和现实的桥梁,让"虚拟世界"变成了"平行宇宙"。区块链技术由于其天然的"去中心化价值流转"的特征,将为元宇宙提供与网络虚拟空间无缝契合的支付和结算系统。如何找到符合中国国情的区块链技术发展方式以构建实体与虚拟深度融合的元宇宙经济体系,是问题所在。

第二,构建数字驱动的数字经济底层技术屏障。在数据的所有权和主权等概念受到挑战的背景下,相比于试图确定谁"拥有"数据,更加重要的是谁有权访问、控制和使用数据。在调和与国家领土相联系的国家主权传统概念和数字空间中数据流动的无界性、全球性和开放性方面,存在着巨大困难。

第三,构建分布式扁平化元宇宙经济形态。"分布式经济"是由多个具有对等地位的行为主体所共建的一个社会网络。其按照透明预设的激励机制和治理规则自发地进行社会分工,给予数据贡献者合理的回报,形成良性的数据分享协同机制。构建分布式扁平化元宇宙经济形态的过程中,问题就在于如何形成多样化的组织,促进经济形态扁平化,打破网络资源天然垄断,同时确保可管可控,实现人民共同富裕。

第四,构建元宇宙经济数字支付体系。数字货币(DCEP)不同于物理货币,其基于密码学,由计算机程序产生。数字货币相比传统物理货币具有不可造伪、点对点快捷交易、流动方便的特点。目前数字人民币无法在区块链流通,无法被智能合约自动激活使用。虽然数字人民币上链可以解决以上问题,但同时也带来了区块链的定制需求问题。

第五,搭建开放可控的数字经济生态体系。做强数据、算力等生产要素是畅通我国数字经济双循环的需要，但我们既不能全盘照搬元、谷歌等以欧美内容为主导的元宇宙，又要高度警惕隐形的美国版元宇宙。只有构建中国自主可控的元宇宙技术标准体系，才有可能以安全的数据要素为核心分享数据价值。

打造中国版本的Web3.0基座

元宇宙代表着一种主流的互联网经济体验模式，很快在国内外形成了产业形态。据统计，2025年元宇宙产业的国内市场规模在3400亿~6400亿元，国际市场更是规模庞大。

当前，国内元宇宙的发展尚且处于初级阶段，缺乏整体性规划。元宇宙涉及国家的政治、经济、社会、文化、法律、意识形态、网络主权等核心利益，而目前国际社区基于纯软件协议构建的Web3.0在可信、可管、可控等方面存在隐患，其"去中心化"的核心思想也给我国网络监管带来难题。此外，基于美元的支付体系也会形成新的经济垄断。

因此，元宇宙产业是继续"借船出海"，还是自主构建核心技术体系，是我们必须作出回答的战略问题。

相比于美国的元宇宙产业链条，适合中国元宇宙发展的生态链（图9）关键在于构建许可的技术底座和支付体系，即基于Web3.0技术底座增加"许可"二字，以达到技术可管可控以及支付可管可控的效果，进而催生各种元宇宙应用的出现。许可Web3.0的核心在于构建"许可软硬件Web3.0"元宇宙核心技术和标准体系，建立以数字人民币为锚定基础的链上支付体系。

在元宇宙的基础设施建设方面，我国有着深厚的积累。在通信网络方面，我国经历了3G、4G的变革，并终于在5G时代确立了全球主导地位。在"十四五"规划的要求下，前瞻布局6G网络技术储备，形成

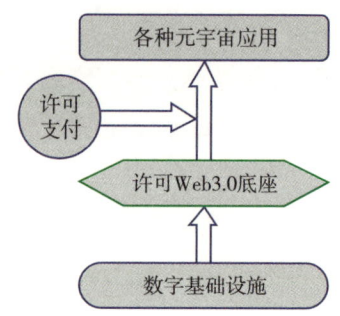

图 9　适合中国元宇宙发展的生态链

了产学研用共同参与的完整的 6G 研发体系。在算力算法方面，我国科研机构构建的算力网络可以支撑"灵境泛在互联"的实时计算需求，实现通信、网络与计算的高度协同，实现去中心化和系统可控之间的平衡与转化，支撑国内国际双循环的新发展格局。在交互媒介与终端方面，我国在传统 AR/VR 接入设备方面有长足的进步。在脑机接口等相关技术方面，我国某些技术已经具有国际领先水平，可以弯道超车，研究实现面向未来元宇宙需求的脑机接入解决方案。

关于"灵境泛在互联"（图 10），在 20 世纪 90 年代，我国战略科学家钱学森对虚拟现实曾有过展望，起了一个"中国味特浓"的名字——"灵境"，并指出灵境技术能"扩展人脑的直觉"，预见到人机深度结合将对人类社会带来的深层变革。图 11 为钱学森写给时任国家"863"计划智能计算机专家组组长汪成为的手稿。

"灵境"是构建虚拟与现实并行、融合的"认知孪生"世界的新概念、新范畴、新表述，是融通中外元宇宙的全面表述："灵"字取"虚拟、空灵"的含义，体现了虚拟世界的智能泛在，是虚拟与物理环境泛在化融合的核心；"境"的"环境、地方"之义与"实际、实境"恰合，体现了现实世界对虚拟世界的支撑。

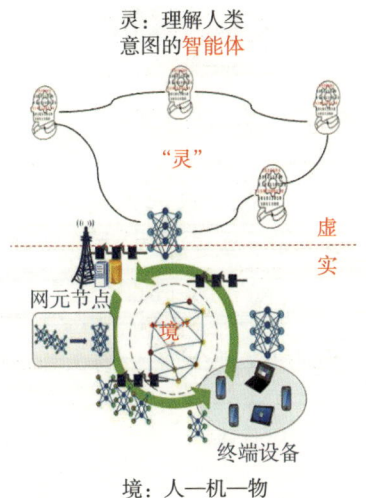

图 10 "灵境泛在互联"

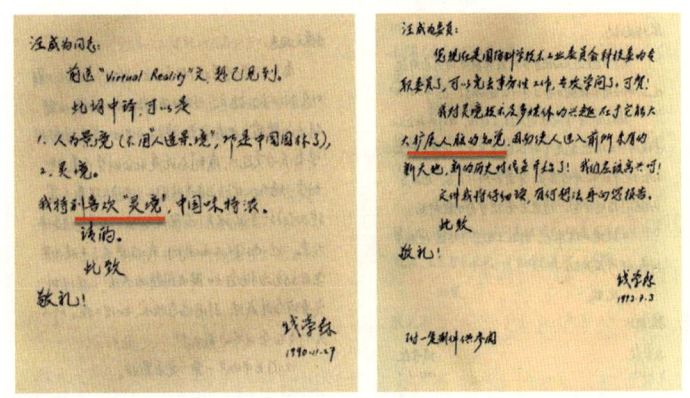

图 11 钱学森写给时任国家"863"计划智能计算机专家组组长汪成为的手稿

"灵境"促使物质、能量、信息闭环,其作用是利用信息网络提高认识世界和改造世界能力的学问,实现古人所说"集大成,得智慧"的梦想,即钱学森所提的"大成智慧"。

构建中国版的 Web3.0 基座(图 12),以感、通、算、控、管一体化的 Intellicise(Intelligent-concise)为特点。预期目标是构建一套元宇宙基础设施使能技术平台,建设感、通、算、控、管一体的信息基座,

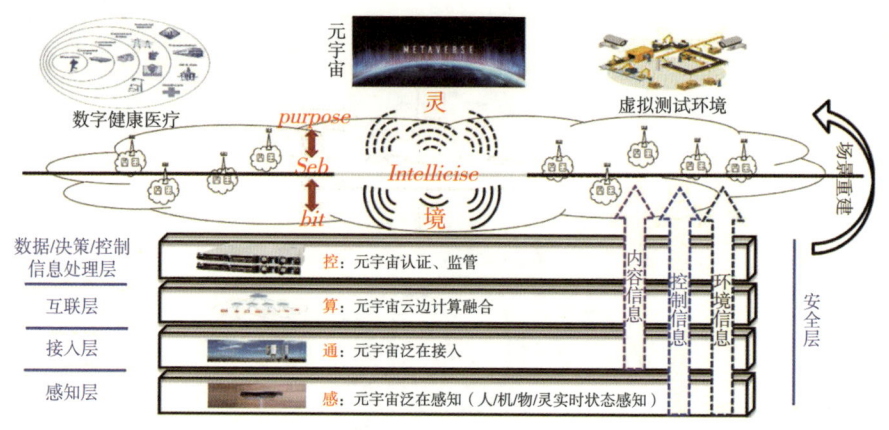

图 12　中国版 Web3.0 基座：感、通、算、控、管一体化

支持泛在环境精准感知、信息高效传输、协同高速计算、安全可信可管、支撑数字健康医疗、虚拟测试等典型场景。

在可信感知方面，进行泛在环境和人、机、物、灵全面感知，最终做到人类五感、脑机、机器视觉、自然语言处理、通信感知等可信、实时、智能的感知技术，实现数据确权与隐私保护。

在可信身份认证与可信传输方面，实现模型和数据的双可信配对，以支撑"许可"。其关键技术在于：一是可信身份认证和可信传输技术方案，即基于数据确权确定数据身份，基于模型确权确定数据发收身份，身份模型双可信且可信配对，构建可信传输；二是可信模型确权技术方案，即面向接入需求的信源信息提取/恢复模型构建中，加入其可信适用发收范围/适用数据的约束，形成可信模型确权；三是面向"许可"的泛在接入技术方案，即基于智简信源信道联合处理和智慧内生网络架构，形成面向许可的节点极智、网络极简、链路极柔的泛在接入技术方案。

在算/控方面，实现元宇宙云边算管融合，主要包括联邦+区块链助力隐私维护、联邦"灵"学习与资源调度、空中计算赋能边缘学习三方面。

中国版的Web3.0基座设计要实现"人、灵、境可信协同"：人要解决的是"做正确的事（杂）"，灵要解决的是"正确地做事（复）"，境（基座）要解决的是"提供可信的做事平台（复杂）"。

元宇宙的核心理念之一就是基于区块链链上货币激励的去中间商扁平经济。我国应大力发展具有中国特色的"许可Web3.0"的理念。中国人民银行可考虑在自主开发的许可区块链上发行链上数字人民币，使数字人民币上链流通，支撑自主可控的"许可Web3.0"产业，否则，元宇宙将缺失重要一环。而链上数字人民币将作为链上唯一价值流通货币，禁止任何其他实体和个人在许可链上发行其他数字货币。

总结与建议

对于许可元宇宙，我们既不能一味地否定，也不能仅仅考虑经济利益和商业化运作而简单亦步亦趋。为此，我们提出应当坚定不移地走自主创新之路，以"灵境泛在互联"为抓手，构建演进版元宇宙的体系化建设方案。

当前，构建许可元宇宙，我国具备"天时地利人和"的优势："天时"在于我国拥有底层核心技术，AI与后端基建是潜在发力点，可实现元宇宙为设备赋智、为企业赋值、为产业赋能，创造"弯道超车"的机会。"地利"在于，与美国加速布局"以实向虚"元宇宙的激进主张不同，中国政府和企业可以将发展重点落在元宇宙赋能现实社会上，赋能构建智能社会。"人和"在于，我们将厘清数据所有权、使用权、运营权、收益权，进而发挥举国体制优势、超大规模市场优势，加强关键技术攻关，把发展元宇宙自主权牢牢掌握在自己手中。

许可元宇宙的布局表现在消费元宇宙与产业元宇宙两方面。消费元宇宙包括艺术元宇宙、文旅元宇宙、虚拟数字人营销、会展元宇宙、游戏元宇宙、社交元宇宙等。产业元宇宙包括能源元宇宙、农业元宇宙、地产元宇宙、金融与投资元宇宙、职业教育元宇宙、军事元宇宙等。这其中，体现了经济、政治、文化、社会、文明五方面的发展需求。在经济方面，可利用元宇宙缓解价值交换体系价值关系受限、管理体系成本高昂、通货膨胀等风险问题。在政治方面，可利用元宇宙克服线下服务的时空制约和语言障碍等困难，提升公务员的工作效率和沟通效果，降低公民的政务需求成本。在文化方面，使用VR/AR技术，让用户足不出户地参观数字景区，数字博物馆，提高参与感和沉浸感，深刻了解知识和文化内涵的多样性。在社会方面，构建全息数字人，医生因此能够针对全息数字人进行连续、动态的高精度监测及实时操作。在文明方面，元宇宙提供的沉浸式虚拟场景可降低线下出行、办公、旅行所带来的碳排放。

因而，我们应当理性、辩证地看待中美之间元宇宙发展的异同，认识到我国政府和企业所主张的发展许可元宇宙主张，是建立在充分体现中国发展数字经济的需求，在维护安全的前提下的顶层设计元宇宙架构。既要考虑近5~10年的机会，也不低估未来10年的技术演进变化。发挥我国通信基础设施建设的优势，加快元宇宙与各项相关技术融合创新发展，打造具有中国特色的数实融合的新型互联网产业。

最后，对我国许可元宇宙的发展与建设提出五点建议。

第一，"灵境"互联关键技术和硬件设备研发。以人工智能技术赋能内容生成，助力实现由实化虚，将人们所处的物理世界中的现实情况向元宇宙映射。高沉浸感显示硬件、头戴式近眼显示、AR/MR穿透式显示技术、头戴式三维显示技术打通虚拟和现实，支撑虚拟世界的智能体（灵）和人—机—物（境）的交互与沟通。视网膜投影技术、光场现实技术和其他感官交互技术构成下一代感知交互技术，实现真三维显示、触觉嗅觉味觉交互。而终极目标是脑机接口技术成为人们体验元宇宙时所使用的终极技术形态，实现脑与设备的信息交换。

第二，元宇宙虚拟数字人研发。虚拟数字人的打造离不开软硬件一体化的集合。其中硬件主要包括显示设备、光学器件、传感器和芯片，软件包括建模、驱动、渲染等方面的软件。我们要聚焦低成本、高效能复杂3D建模与渲染关键技术以及高分辨率、低时延、低功耗、广视角、可变景深、轻薄小型化近眼显示技术。

第三，元宇宙跨链关键技术研发。要聚焦分布式账本、智能合约、许可机制、共识机制等跨链关键技术，实现虚拟世界价值归属、资产投资、支付流转的保障技术集。依托自主开发的中继链技术和跨链技术，实施跨境交易合规监管。推动数字人民币DCEP上链流通，生成人民银行发行的人民币稳定币CNYC，支撑自主可控的许可Web3.0产业，打破Web3.0美元霸权。

第四，元宇宙智能泛在网络关键技术研发。要构建人—机—物—灵共生共建的元宇宙，其中"灵"是元宇宙中的关键表达，同样具有社会属性、意识形态，是未来数字化世界的关键技术。元宇宙的内容体验需要网络高带宽，元宇宙的实时交互需要网络低时延，"人机物"互联需要异构网络融合，元宇宙发展对智能泛在网络关键技术提出了新的挑战。要聚焦云化智能泛在网络关键技术，建立以云网聚合、边缘计算为基础的低成本、高效能、可管可控的元宇宙智能泛在接入示范网络，提升我国元宇宙产业用户的规模化接入能力，从而基于数字经济新引擎实现个人与社会的和谐发展。

第五，元宇宙安全可信的治理技术研发。全盘考虑政治安全、经济安全、文化安全、网络空间安全，建立起以主动免疫为基础的动态可信安全机制，以覆盖包括用户认证、数字货币和资产以及网络连接等需要基于硬件的安全技术。

　　总而言之，中美元宇宙的发展与建设各有优势。从短期来看，美国的核心竞争力主要体现在硬件入口及操作系统、后端基建、底层架构三方面，同时在人工智能方向也具有较强的竞争力。中国则在内容与场景、协同领域具备优势，最大潜力在于用户基数与社交群体优势。从中长期来看，在人工智能与后端基建方面，中国存在弯道超车的机会。国内移动支付、外卖等新业态不断涌现。因此，在元宇宙的不同发展阶段，中美的资源禀赋将会发生变化。此外，中国有着非常强大的基建能力支持，中美之间的技术差异也正在逐步缩小。

主讲报告

元宇宙技术实践探索

主讲嘉宾　丁刚毅

元宇宙概念与蓝皮书介绍

在 2015 年第二届世界互联网大会开幕式上，习近平总书记首次提出"数字中国"这一概念——"中国正在实施'互联网+'行动计划，推进'数字中国'建设"。2017 年 10 月，习近平总书记在党的十九大报告中明确提出建设网络强国、数字中国、智慧社会，"数字中国"被首次写入党和国家纲领性文件。

2021 年 5 月 28 日，习近平总书记在中国科学院第二十次院士大会、中国工程院第十五次院士大会、中国科协第十次全国代表大会上发表重要讲话指出："科技创新速度显著加快，以信息技术、人工智能为代表的新兴科技快速发展，大大拓展了时间、空间和人们认知范围，人类正在进入一个'人机物'三元融合的万物智能互联时代。"

2022 年 4 月 24 日，中国仿真学会元宇宙专业委员会成立。2022 年 8 月 26 日，以"洞见元宇宙，数字新空间"为主题的 WMC2022 世界元宇宙大会在北京举行，来自学界与业界的众多专家学者出席开幕式并发表致辞。

2022 年 9 月 3 日，"Web3.0 发展趋势高峰论坛暨 2022 元宇宙、区块链、金融科技蓝皮书发布会"在中国国际服务贸易交易会上成功举办。《中国元宇宙发展报告（2022）》年度蓝皮书与《中国区块链发展报告（2022）》《中国金融科技发展报告（2022）》一同在会上隆重发布。

《中国元宇宙发展报告（2022）》蓝皮书主要分为总报告、政策与法规篇、技术篇、场景应用篇、市场篇和附录六部分。第一，介绍了元宇宙的起源，梳理了国内外元宇宙在政策、技术经济等方面的发展现状及其带来的影响与变革，以及我国发展元宇宙面临的问题，同时提出发展对策，并对元宇宙未来发展趋势进行预判。第二，总结了2021年针对元宇宙领域颁布的相关政策及监管方面存在的问题。总体来看，我国政府从不同层面出台了相关政策性文件引导元宇宙健康有序发展。蓝皮书指出政府宜采取包容审慎的监管态度，坚持鼓励创新原则，分领域制定监管规则和标准，在严守安全底线的前提下为元宇宙发展留足空间。第三，分析了元宇宙技术发展的新动向。第四，对于元宇宙重点应用场景进行描述。2021—2022年，元宇宙在制造、金融、消费、数字藏品、虚拟数字人等多个领域加速发展，业务面涵盖非常之广。第五，梳理国内外布局元宇宙的巨头企业的市场现状，并对行业经典案例进行解析，解读元宇宙在模式上的创新。第六，蓝皮书在附录中总结了我国2021年元宇宙行业发展的具体情况与重大事件，以供读者速览。蓝皮书系统梳理了国家层面、各地方关于"元宇宙"的政策法规，从中可以发现，目前各相关政策中虽然没有直接提出"元宇宙"的概念，但"数字产业""数字化转型""数字经济""高质量发展""数字经济治理"等概念都对现有的"元宇宙"相关技术提出了新要求，包括数据、场景、算法、认知方面的规范化等问题。

　　据中国仿真学会元宇宙专业委员会预测，我国元宇宙上下游产业目前产值已超过400亿元，主要体现在游戏娱乐、VR和AR硬件等方面。未来5年，国内元宇宙市场至少突破2000亿元大关。元宇宙经济组成包括区块链、云计算、VR/AR等产业的集合。艾媒咨询数据显示，到2023年，中国区块链支出规模可突破1万亿元，这为元宇宙未来的构建奠定了良好的基础。

当前，我国云计算产业发展仍处于上升趋势。艾媒咨询数据显示，2021年中国云计算产业规模达2109.5亿元，预计到2023年可突破3000亿元。2020年中国VR终端硬件市场规模为107.0亿元，AR终端硬件市场规模为125.9亿元。预计到2025年，中国VR和AR终端硬件市场规模分别达到563.3亿元和1314.4亿元。

自2021年"元宇宙元年"开始，我国元宇宙产业领域的体系、技术、生态得到长足发展，目前从政策期逐步转向产业应用阶段。国家先后出台了有关元宇宙的产业标准、行动计划、创新任务内容，使得元宇宙在产业落实和技术创新上方向明确。工业和信息化部、科学技术部、国家能源局、国家标准化管理委员会等4部门于2023年8月22日联合印发《新产业标准化领航工程实施方案（2023—2035年）》，指出以推动新兴产业创新发展和抢抓未来产业发展先机为目标，以完善高效协同的新产业标准化工作体系为抓手，聚焦元宇宙等九大未来产业，统筹推进标准的研究、制定、实施和国际化。工业和信息化部、教育部、文化和旅游部、国务院国资委、国家广播电视总局办公厅于2023年9月8日联合印发《元宇宙产业创新发展三年行动计划（2023—2025年）》，指出元宇宙应从技术、产业、应用和治理等全面取得突破，培育3~5家有全球影响力的生态型企业，打造3~5个产业发展聚集区，并于2025年综合实力达到世界先进水平。工业和信息化部组织开展2023年未来产业创新任务工作并公示《元宇宙揭榜挂帅任务榜单》，针对元宇宙重点领域，开展核心基础、重点产品、公共支撑、示范应用等创新任务，具体达到突破一批标志性技术产品，加速新技术、新产品落地应用的目的。伴随元宇宙概念完善、内涵发展，国家政策标准不断推陈出新，算力架构完善，各行业应用场景丰富，元宇宙在文化旅游、教育、工业、绿色、军事等应用背景下将持续影响和改善着人们的学习、生活和生产。

"元宇宙"一词出自1992年出版的科幻小说《雪崩》。书中提出"metaverse（元宇宙）"和"Avatar（化身）"两个概念。作者尼尔·斯蒂芬森在书中创造了一个与现实世界平行但又独立于现实世界的虚拟空间，它是映射现实世界并永远在线的虚拟世界，人类以虚拟形象在这个虚拟空间中与各种软件进行交互。

元宇宙概念的演进经历了从文字界面虚拟化，到电子设备的二维、三维、沉浸式发展（图13）。直到2021年，元宇宙呈现超出想象的爆发力。因此，这一年也成为元宇宙元年。元宇宙爆发式增长的背后，是元宇宙要素的聚合现象，类似于1995年互联网所经历的"群聚效应"。

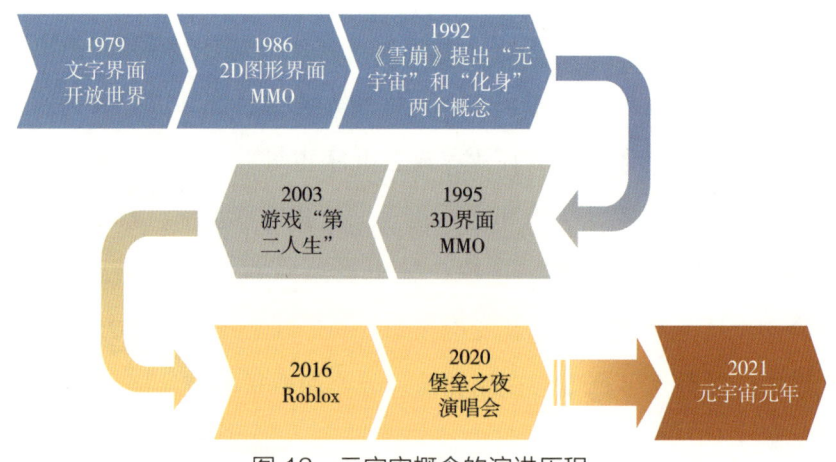

图13 元宇宙概念的演进历程

如今，"元宇宙"的概念呈现出多样化的特征。中国仿真学会提出：元宇宙是一个通过实时技术构建，全要素交互—多价值体现，与现实世界完全平行并持续演化的虚拟空间。中国仿真学会理事长曹建国提出：仿真是元宇宙的技术基础和重要支撑。元宇宙是现实世界映射、交互的虚拟仿真，是仿真的拓展深化，是人在回路中的仿真，更追求人的感受。

经过十多年的技术酝酿，内容、文化、媒体、设备、标准这五个垂直领域推动了元宇宙的出现。Roblox 曾提出元宇宙的八大要素：独立身份、社交好友、高沉浸、低延迟、多样性、随时随地、经济系统、文明。元宇宙商业之父马修·鲍尔则提出了元宇宙在技术层面的八大要素：虚拟世界（包括景象、抽象、完全自主创造娱乐脱离现实这三种虚拟方式）、3D 互联网（网络进化）、实时渲染（算力差距）、互操作性（交互性）、大规模扩展（全域复杂）、持续性演化（过去现在未来）、同步性（时空一致性）、无线用户和存在（非系统—价值驱动）。

如今，网络环境、虚实界面、数据处理、认证机制、内容生产构成了元宇宙的技术架构（图14）。

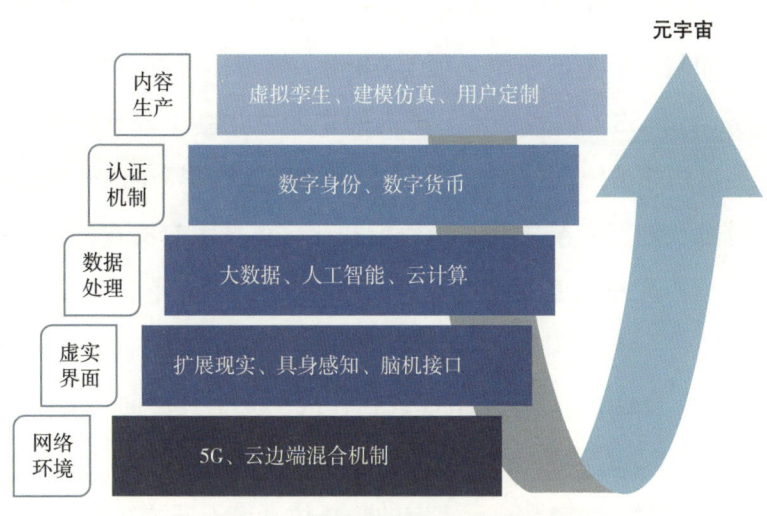

图 14　元宇宙的融合性技术架构

互联网从 Web1.0 到 Web2.0 再到 Web3.0 的迭代，实现了元宇宙的升级。互联网角度的元宇宙如图 15 所示。

	Web1.0 （20世纪90年代至2005年） PC互联网	Web2.0 （2005年至2021年） 移动互联网	Web3.0 （2021年至未来） 元宇宙
主要特征	只读、单一 信息输出	可读、可写、可交互 信息化、数字化	可读、可写、可确权 数据资产化
典型内容	文本、音频	短视频、App、博客	VR/AR/扩展现实（XR）、 数字人/非同质化通证 （NFT）
主要技术	互联网、语音 合成	移动互联网、深度 学习	人工智能、6G、建模 仿真、人机交互等
用户体验	二维	二维	沉浸式三维

图 15　互联网角度的元宇宙

元宇宙的仿真技术

当前，中美两国均对元宇宙的建模仿真技术加大了研发投入。国内的研究重点在于关注建模仿真方法及具体数字孪生模型、业务逻辑、体系方法，如基于模型的系统工程（MBSE）模型体系设计技术与建模仿真即服务（MSaaS）模型技术。国内的企业关注基于现有资源、成果、数据、接口构建虚拟世界，如腾讯的 XR 实验室与华为的 VR Tool 软件。美国军方则长期在六个层面布局孪生和元宇宙技术解决建模仿真问题。①体系层面：先进仿真集成与建模框架（AFSIM）；②计算层面：Intel 可编程门阵列；③内容层面：微软模拟飞行（Microsoft Flight Simulator）；④策略层面：DARPA 任务，指挥现代作战；⑤工具层面：美国陆军研究室，W911NF；⑥产品层面：3DS 等虚拟孪生环境。

从现有技术基础来看，元宇宙的系统仿真离不开游戏与科幻领域的发展。哲学层面，大脑意识的存在、太空的扩展性、人类认知的复杂性等都是游戏公司在元宇宙领域的主题。游戏引擎已经成为元宇宙的基座，涉及环境建模、实体建模、人物建模再到建造沉浸交互空间、组建系统，最后送达新受众。要使用先进的技术和高级的人才，就要跟一流游戏公司抢人。一位在一流游戏公司的优秀的工程师月收入水平不低于5万元，可见人力资源成本之高。

2022年4月22日，自中国仿真学会元宇宙专业委员会成立之后，分会依据国家的现状与需求，计划在文化、教育、军事、应急、绿色这5个领域开展元宇宙的探索，进一步开展空间场景、核心内容、人群行为、价值驱动、基座平台等工作。

元宇宙在仿真角度的核心技术需解决实现内容生成、实时交互与认知映射三大功能，这其中又包括协同建模、自动生成、内容交换、交互架构、交互方法、空间负载、智能映射、业务映射、决策认知等多个功能。当前，发展元宇宙的最要紧事情，并非是要把空间做到栩栩如生，而应该是让决策者、认知者、引导者看到它的价值，让青少年通过自己的努力在虚拟空间中打造属于自己的想象空间。只有这样，元宇宙才能得到发展。

元宇宙可能是解决系统复杂性的颠覆性方法（图16），军用价值极高。元宇宙面向典型系统的多重复杂性；把握全域要素、持久逼真、智能先进的科学前沿；持续扩张元宇宙人机环一体化能力；促进元宇宙方法论与战略认知力相协调。

中国工程院院士清华大学戴琼海提出元宇宙所具备的几个关键技术，分别是：感知（元宇宙的物理基础）、计算（元宇宙的核心动力）、重构（元宇宙的构建方式）、协同（元宇宙的链接协作）、交互（元宇宙的虚实结合）。只有当仿真系统尽快实现内容生成、实时交互、认知映射这三种功能，才有可能将元宇宙变成现实。此外，元宇宙是否等于数字地球、虚拟人群、XR系统与人工智能的整合，还需要画上一个问号。智体间存在交互的涌现性，人机环操作交互的复杂性，虚拟空间演化交互的普遍性，都使得元宇宙在实现完备的群体演化时面临一定的难度。

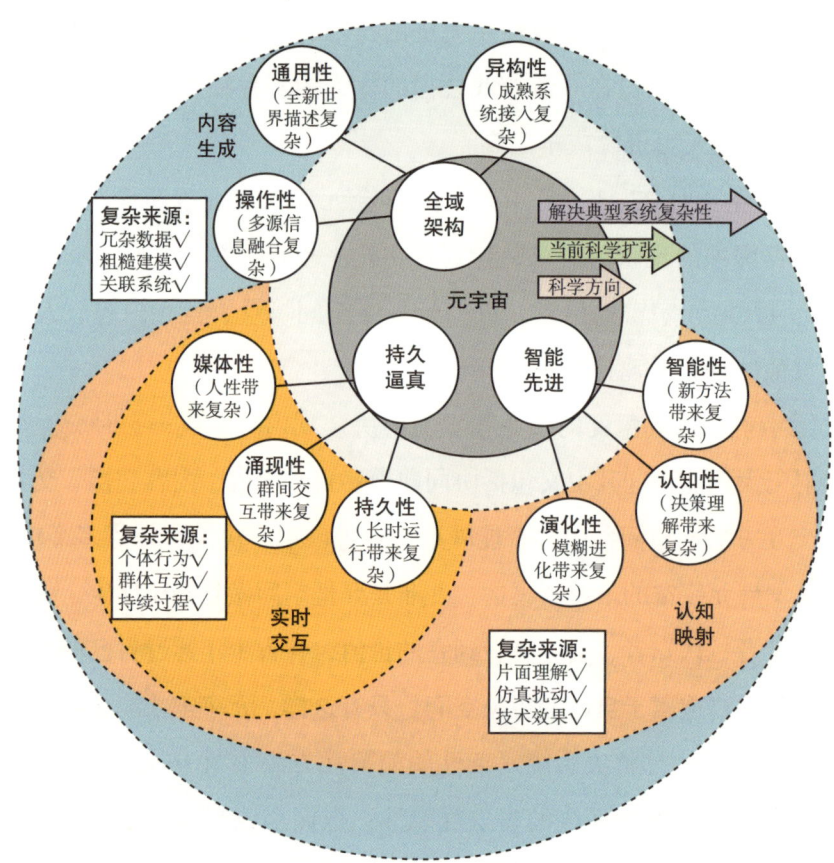

图 16 元宇宙：解决系统复杂性问题

根据调研，早在 2013 年，美国国家地理空间情报局就推出"地理空间元宇宙"（Geospatial Metaverse）的概念，并与基础设施、谍报技术和应用进行关联研究。地理条件、情报、任务规划三个内容共同形成"地理空间元宇宙"。这一技术可用于评估技术、工具、开发地理空间的可行性，进行虚拟世界的创作和智能管理，将基于网络的协作环境的虚拟世界与地理空间数据相结合，提升用户体验设计（UXD）效率。"地理空间元宇宙"的信息收集能力强大，演算能力极强，可为 500 个甚至 700 多个美军基地提供全球服务。在俄乌战争中，美军"地理空间元宇宙"的多重传感系统、人群情报叠加系统等同时运行，进行信息收集、作出决策、开始行动、完成评估，从开始打击到完成最后一次打击仅用了5~10分钟，这是一个非常快速的行动概念。

从对抗角度来看元宇宙的核心技术，在技术层，美军太空部队首席技术和创新官丽莎·A.科斯塔认为：军用元宇宙技术为用户提供来自虚拟环境的物理反馈，并利用增强现实、虚拟现实和触觉设备将太空运营商提供的数据转化为态势感知。这些技术使美军更快地在特定情况下作出决策。在业务层，美军任务指挥作战实验室马特·马内斯中校认为：利用元宇宙技术制定和维护共同作战图的基本概念是增强态势感知，实现态势理解，达到促进所有梯队共同理解的目的。在人因层，加拿大全国民族新闻和媒体委员会监察员印度总理顾问比克拉姆·兰巴提出：训练是战场效率的核心组成部分，防御性元宇宙是筛选、训练作战人员表现的关键推动因素。在实施层，埃匹克娱乐股份有限公司（Epic Games）虚幻引擎仿真行业经理塞巴斯蒂安·洛兹提出：国防用户要求系统具备无限制、高逼真、动态填充等特征。目前，元宇宙系统已具备相关能力用于军事训练和空间规划开发的仿真业务。

总结三点关于元宇宙的思考：①元宇宙是一种聚合技术，在未来5~10年内将培养出颠覆性技术；②环境恶化、金融虚化、网络进化、认知智化等都是元宇宙发展的催化剂；③相似重复、虚实交互、认知多维依旧是元宇宙的仿真技术的核心。

冬奥—三星堆—挑战杯实践

过去，北京理工大学数字表演团队做了许多大规模活动的仿真实践，包括中央广播电视总台春节联欢晚会、奥运会、国庆等活动。所有的活动实践都基于相同的一条理念——"要素要全、人员行为要规范、环境空间锁定、事件流程优化",来进行仿真,因此都具备孪生的元宇宙特征。

在 2022 年北京冬奥会开闭幕式大型表演中,我们构建了智能化创编排演一体化服务平台,涵盖了冬奥会四场演出所用的灯光、机械、道具、舞美、音乐、视频、服装、演员、烟花、转播机位等全要素,完成从热场到火炬传递全流程、全要素、全方位的仿真计算和可视化。该平台主要包括训练彩排系统、仿真预演系统(图 17)等。

图 17　2022 年北京冬奥会开幕式仿真预演系统界面

训练彩排系统基于平行仿真的表演创意与编排协同实施框架,根据导演创意自动生成排练方案,包括排练点位图、动态推演、演员排练手册、合练手册等。

仿真预演系统以数据驱动方式对表演过程实施仿真推演和三维呈现,对表演环境和要素进行物理和行为建模,可高效并行、快速迭代以满足导演主创的需求变更。

在编创阶段，仿真预演系统可辅助主创快速生成多种表演方案的艺术可视化效果，通过队形排布算法、群体动作控制算法等，实现表演方案的快速修改与迭代创意。在排演阶段，训练彩排系统可将生成的创意方案进行数据标定与规范化输出，生成每个演员独特的训练手册，进而辅助达到系统中创意的表演效果。以节目《立春》为例，3分钟内涉及7个演出片段、393名演员，每名演员各有51个动作关键点，每次演出方案将生成2751份训练手册。

针对重要的仪式环节，仿真预演系统共计优化生成表演和排练方案百余个，实现了从组织策划到应用实施的全流程保障，为仪式活动提供了创意质量、速度、数量、可行性的保障。

此外，北京理工大学还参与了《三星堆奇幻之旅》的节目制作。《三星堆奇幻之旅》是中央广播电视总台新闻中心于2022年6月14—16日推出的首个大型沉浸式数字交互空间，创新性地将三星堆考古发掘大棚、三星堆数字博物馆及古蜀王国等场景，通过即时云渲染技术，为用户提供全新的沉浸式体验，实现"破屏"融合传播。为配合节目制作需求，北京理工大学推出了三星堆奇幻之旅系统架构，实现30平方千米高精度环境建模、300件点云藏品全息呈现、12万人次虚拟空间交互、百万人次并发排队、支撑168小时无故障运维、支撑5000台GCS、30G角色轨迹记录与分析、支撑4类设备与6种应用兼容。

北京理工大学"挑战杯"创业计划竞赛中所应用的元宇宙系统也使用了同样的架构，可实现多人多角色沉浸式交互、云端元宇宙在线服务、虚拟校园深入游览三大功能；以精细模型交互画面手机扫码低成本接入、阿里云5000台GCS实时云渲染实现虚拟人角色自由选配畅游校园，构建高精度虚拟交互空间以承接高画质交互空间访问，搭建全景浏览漫游服务以承接高流量访问压力。

互动环节

问题一：美军的"地理空间元宇宙"技术，对于中国来说有什么借鉴意义？

答：基于"地理空间元宇宙"技术在俄乌战争中的表现，我们必须认真总结虚拟空间、人机交互、虚拟智能对我军在未来战场上能力提升的意义。20年来，美军在反恐战争中锻炼了小分队作战能力。但我国的目标是要构建军民两用的元宇宙平台，如何在一个系统中实现军民两用是我们需要回答的问题。未来，我相信在中国，无论是大元宇宙、小元宇宙、巨元宇宙还是行业元宇宙，都可以协同起来。

问题二：我国的仿真技术发展到了什么程度？

答：当前，我国的大规模活动仿真技术在全世界范围内是领先的。我们将所累积的大量军用技术应用于确保重大活动中的人员安全方面，如在天安门广场、国家体育场等地所举办的重大活动。仿真系统可在后台系统模拟、优化之后，提供精确到出发时间、安检时间、落座时间、上厕所时间等的安排。

问题三：仿真技术元宇宙能否帮助我们提前发现问题、解决问题？

答：仿真技术元宇宙最想做的一件事就是基于已有认知，通过合理的虚拟空间构造给出合理行为的完备性描述，再在完备性描述的基础上进行方法验证，这样就可以实现提前发现问题、解决问题。

要实现这样的效果，很重要的一点在于我们能否实现虚拟世界对真实世界的需求，以及参数进行全部反映，也就是说，虚实两个世界之间要实现互通与同步，这个难度是非常大的。

问题四：元宇宙的出现，会为我们的日常生活带来什么改变？

答：元宇宙包含六大技术，简称"BIGANT"。"B"是指区块链（Blockchain），"I"是指人机交互（Interactivity），"G"是指游戏（Game），"A"是指人工智能（Artificial Intelligence），"N"是指网络计算机和运算（Network），"T"是指数字孪生（Digital Twins），这六大技术涵盖了我们生活中的各个场景和环境。

当 20 年后元宇宙发展到一定阶段的时候，我们可能实现以下场景：早晨我们拿起一块面包，元宇宙会立刻在大脑中浮现出这块面包的购买日期、新鲜度、温度等；当我们想要购买什么商品时，元宇宙会通过网络迅速在我们的视网膜上或大脑中投射购物环境，支付时通过区块链技术完成身份信息识别，实现自动支付；当需要外出参与会议时，我们不必去衣柜中寻找合适的衣服，而只需站在镜子前，就看到每一件衣服上身时的样子；如果身体感觉到不舒服，身体的各种信息会通过穿戴传感器直接发送给私人医生，等等，这些都将是未来元宇宙可以为我们带来的体验。

问题五：元宇宙的主体是人吗？元宇宙的真正实现还要多久？

答：元宇宙的主体不光是人，而应该是"人、机、物、灵"。"灵"是有主体、有意识、能够代替人做决策的一种高级智能体。现在每个人对于元宇宙的期盼和认识都是不一样的，到底什么样的元宇宙才是真正的元宇宙，定义是非常多元的。要真正实现虚拟世界与物理世界的完全相通，我们还有很长的路要走。

中国科技会堂论坛第二十期
核医学新进展：肿瘤诊疗的前瞻探索

导读

癌症是人类健康的主要威胁之一。多数癌症至今尚无特效治疗方法。2020 年世界卫生组织癌症研究机构发布的数据显示，近年来，全球每年新增癌症病例 1900 多万，中国有 400 多万，占比将近四分之一。

核医学作为一门集核技术、电子科技、生物医学等为一体的新兴学科，其在临床上的应用已成为攻克癌症的重要手段。近年来，随着精准放疗技术飞速发展，核医学已实现"高精度、高剂量、高疗效、低损伤"的治疗效果，可最大限度保护正常组织，让患者在无创无痛中治疗癌症。其中，放射性同位素靶向药物也逐渐进入临床诊疗，实现无创治癌的效果。

然而，我国在核医学治疗上仍存在发展瓶颈。一方面，我国约 90% 的放射性同位素依赖进口，量产及全面临床应用道阻且长；另一方面，公众对于核医学治疗的认识仍存在误区。那么，核医学是一种怎样的治疗手段？我国核医学发展处于怎样的水平？核医学领域的"卡脖子"问题该如何解决？

主讲嘉宾

詹文龙

中国科学院院士,中国科学院先进能源科学与技术广东省实验室主任,国家重大科技基础设施"加速器驱动嬗变研究装置"和"强流重离子加速器装置"项目总指挥。曾获国家科技进步奖二等奖、全国五一劳动奖章、求是基金会杰出青年学者物理奖、何梁何利基金科技进步奖等奖项。

互动嘉宾

王俊杰 北京大学第三医院肿瘤放疗科主任,北京大学医学部近距离放疗研究中心主任。《中华放射医学与防护》杂志副主编。

何作祥 清华大学精准医学研究院副院长,北京清华长庚医院核医学科主任。长期从事影像医学与核医学、分子影像的临床与科研。

王锁会 中国同辐股份有限公司董事长、党委书记,正高级工程师。长期从事核工业战略和规划研究。

> 主讲报告

基于先进加速器的精准放疗

主讲嘉宾　詹文龙

2020年9月，习近平总书记在全国科学家座谈会上提出：科技事业发展要坚持"四个面向"——面向世界科技前沿、面向经济主战场、面向国家重大需求、面向人民生命健康，不断向科学技术广度和深度进军。其中，"面向人民健康"的提出，将生命健康上升到一个新高度，要求为不断满足人民对美好生活的向往奠定坚实的科技基础、能力基础和实力基础。

2021年5月，习近平总书记在两院院士大会和中国科协第十次全国代表大会上总结了近几年国内医学领域的发展，指出医用重离子加速器、磁共振、彩超、CT等高端医疗装备国产化替代取得重大进展，提出要集中力量开展关键核心技术攻关，加快突破药品、医疗器械、医用设备、疫苗等领域的关键核心技术。

2022年6月，习近平总书记对"放射性药物研发与应用进程亟待加速"的专家建议作出重要批示，指出我国当前大多数高端医疗器械和放疗市场被国外企业垄断，对国外依存度较高的问题。

精准放射治疗

癌症是威胁人类健康最凶险的疾病之一。2020年，全球癌症新发病例为1929万例，癌症死亡病例为996万例；中国癌症新发病例约为457万例，癌症死亡病例约为300万例。中国的肿瘤治疗控制率约36%，比发达国家低近一倍，但癌症新发病例约为美国的2倍，死亡病例约为美国的 5 倍。其中，先进的癌症诊断和治疗技术是降低死亡率的关键。当前对于癌症的诊断和治疗，主要以药物治疗、手术治疗和放射治疗三大技术为主。精准放射治疗就属于放射治疗技术的一种。

传统的放射治疗主要使用 4 种射线：α 射线、β 射线、γ/X 射线和中子束。随着技术发展，质子束和重离子束也被用于放射治疗。放射治疗的过程，是通过加速器来产生和调控带电粒子能量。

α 射线是氦原子核粒子流，由 2 个质子和 2 个中子组成，带有 2 个单位正电荷。β 射线是高速运动的电子流，带 1 个单位负电荷。γ 射线和 X 射线分别是波长非常短和波长非常长的高能电磁波。中子束是不带电核的中性核子束。质子束是氢原子的核外电子剥离后形成的氢离子束，由 1 个质子组成。重离子束是原子序数大于 2（即元素周期表氦以后）的原子失去电子形成的离子束。

不同射线穿透能力效果图如图 1 所示。α 射线穿透能力最弱，人类皮肤或一张纸就能够阻挡 α 粒子。在放射治疗过程中，只要 α 粒子没有被吸入体内，其对人体的核辐射相对来说比较容易掌控。β 射线比 α 射线更具穿透力，可被几毫米厚的铝箔完全阻挡。β 粒子能够穿透人类皮肤进入人体，其进入人体内的位置难以把控。γ 射线的穿透能力比 β 射线更强。γ 粒子进入人体内部后，呈现概率分布，会随机与体内细胞发生电离作用，电离作用产生的离子，能侵蚀复杂的有机分子，如蛋白质、核酸和酶。这些构成活细胞组织的主要成分一旦遭到破坏，就会干扰人体内正常的化学过程，严重的可以导致细胞死亡。因此 γ 射线对人体产生的核辐射相对难以把控。

放射治疗的发展目标非常清晰，就是要实现精准有效、低副作用、经济可行。精准放疗的发展方向主要有两个：一个是离子束治疗，通过外辐照消杀实体肿瘤；另一个是靶向同位素治疗，通过内照射消杀弥散

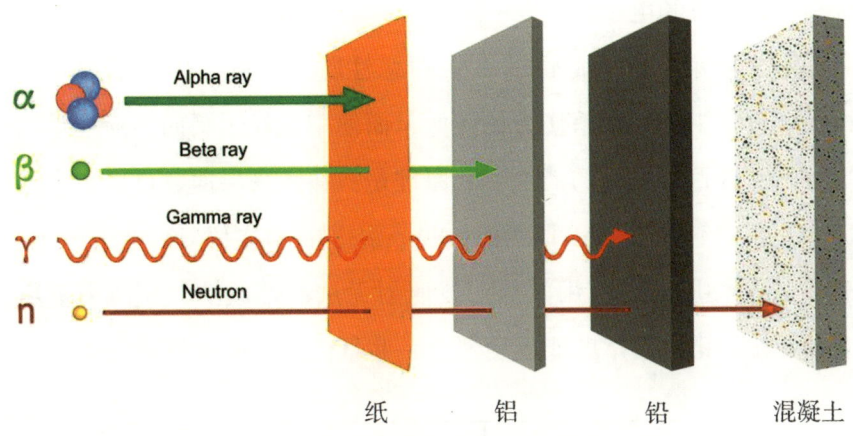

图 1　不同射线穿透能力效果图

性肿瘤。精准放疗原理的关键在于其物理和生物特性,通过射线的生物效应和射线的精准传递,实现对肿瘤的直接消杀。此外,精准放疗目前还有若干新研究方向,如闪速放射治疗(FLASH)、免疫治疗等。FLASH 治疗是在瞬间采用 1000 倍的高辐照率,反而对于健康组织起到产生低损伤、低副作用的效果。

简单来说,射线进入人体所产生的生物效应有两个层面。一是微观层面,射线能量直接引起细胞核酸和蛋白等发生电离和激发,使得生物化学键断裂;二是集体层面,射线作用于有机体内的水分子,产生氧化性很强的自由基(H·、OH·)及 H_2O_2 等,导致细胞中生物分子损伤,进而使得细胞的代谢、功能及结构发生改变。因此,当放射治疗过程中射线量没有把控好,其生物效应也会发生于健康细胞,就会对人体产生伤害,这就是人们在做放射治疗时所担心的。

但是不同能量的射线,在生物线性能量的沉积方面不同,可以用射线的相对生物学效应来衡量。如光子束和电子束的相对生物学效应是1.0,质子束和中子束的相对生物学效应是1.1,重离子束的相对生物学效应则为光子束和电子束的 3~5 倍。

如图 2 所示,对于毒性非常强的恶性肿瘤细胞,用光子束、电子束、质子束、中子束,杀伤力比较低,而使用 α 粒子靶向治疗或重离子束则可以实现百分之百的消杀。其原理是:在微观层面,重离子束可以把 DNA 的两条链都打断,打断后 DNA 无法进行再次修复。在临床领域,有 25% 的恶性肿瘤,使用其他射线照射无法消杀成功,而使用重离子束或者 α 粒子靶向治疗就能成功消杀,并且治愈率还相对较高。

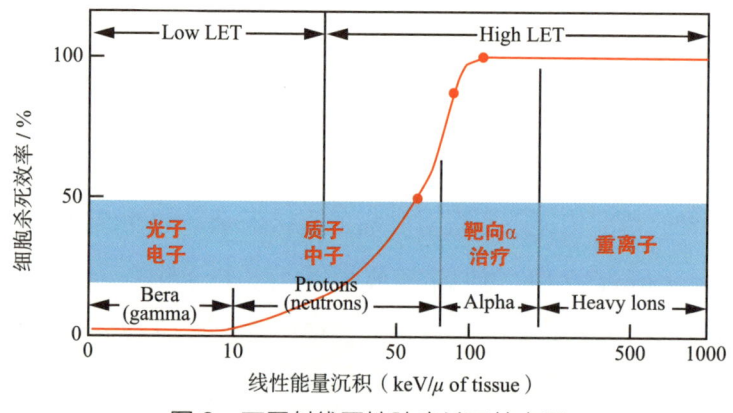

图 2　不同射线恶性肿瘤杀死效率图

放射性治疗根据治疗方式的不同,可分为外辐射治疗和内辐射治疗两大类。

外辐射治疗是指放射线由放在体外的机器发射,关键在于如何将离子和带电粒子精准传递到病灶,否则射线对身体其他部位的健康组织会产生危害。

内辐射治疗是在人体内进行辐射治疗,将放射性同位素(又称核素)通过载体系统搭载,在靶向系统的导引之下聚集到病变部位,通过核素发射出的放射线,来消杀病变的细胞,从而达到治疗的目的。其中放射性同位素是最关键的部分,自然界中基本不存在可医用的同位素,大量依赖于人工制造。此外，放射性同位素需要通过载体系统来搭载同位素，包括合成性聚合物载体系统、稀土纳米药物载体系统、微乳药物载体系统、脂质体药物载体系统和胶束药物载体系统等。主动靶向系统起到靶向导引的作用，包括免疫靶向系统和受体－配体介导系统等。免疫靶向系统是针对肿瘤细胞抗原的特异性抗体，受体－配体介导系统是针对肿瘤细胞膜受体的特异性配体。

图3是靶向α同位素药物的组成与传递过程。主动靶向系统、载体系统与放射性同位素组成靶向α同位素药物，在靶向导引的作用下，可以精准地传递到病灶附近，精度可达到细胞级。

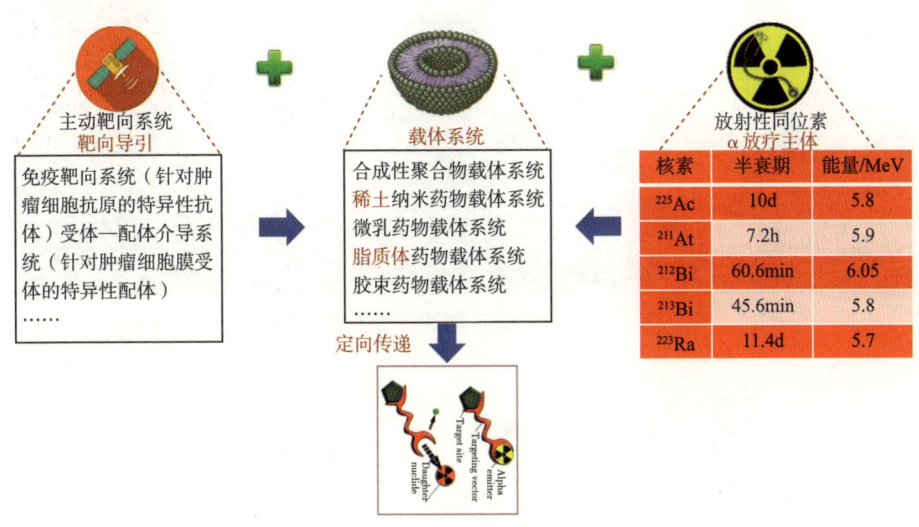

图3　靶向α同位素药物的组成与传递

中国科学院近代物理研究所研发情况

精准放疗的实现，是许多学科交叉的结果。中国科学院近代物理研究所在其中深耕多年，依托大科学装置，开展重离子科学与技术、加速器驱动的先进核能系统研究。当前正在运行和在建的拥有自主知识产权的大科学装置包括：兰州重离子研究装置（HIRFL，运行）、强流重离子加速器装置（HIAF，在建）、加速器驱动嬗变研究装置（CiADS，在建）。

兰州重离子加速器国家实验室（图4）的重离子研究装置（图5）是亚洲能量最高、精度最高的中高能重离子加速器。1976年11月，国家计划委员会（现改组为国家发展和改革委员会）正式批准了大型重离

图4　兰州重离子加速器国家实验室

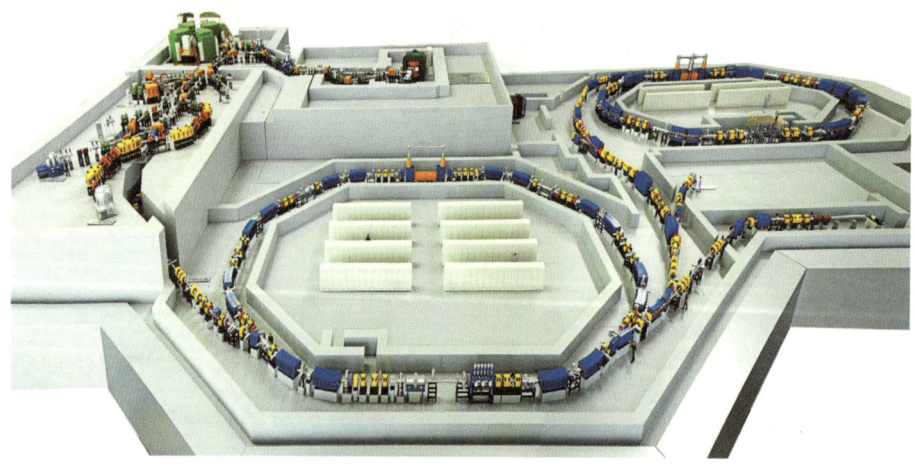

图5　兰州重离子加速器研究装置（HIRFL）集群

子加速器的建造计划，经过"一五"（SFC）、"七五"（SSC）和"九五"（CSR）三代大科学装置建设，2008年该项目通过国家验收。它运用国际先进的离子加速器技术，合成了35种新同位素，曾连续4年（2019—2022年）在科学技术部、财政部大型科研仪器开放共享考核中获评优秀。

正在建设的强流重离子加速器装置（图6）与加速器驱动嬗变研究装置（图7）都位于广东省惠州市。强流重离子加速器装置建成之后将是国际上脉冲束流强度最高的重离子加速器装置。建设这一加速器装置的科学目标是：第一，认识原子核中的有效相互作用；第二，理解宇宙中从铁到铀重元素的来源；第三，研究高能量密度物理性质；第四，空间辐射环境地面模拟；第五，精准放疗研究。其中，精准放疗研究计划就包括开展国际领先的重离子加速器技术研究与开展靶向同位素的量产示范。

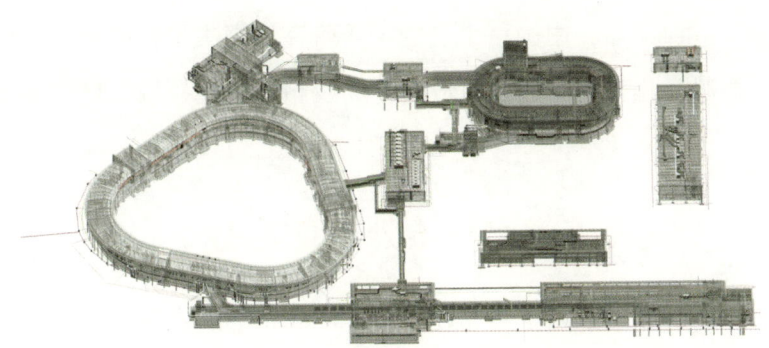

图6　惠州强流重离子加速器装置

中国加速器驱动嬗变研究装置预计在2027年建成，将拥有国际上首个2.5兆瓦加速器，具备超5000剂/天的α粒子放射性药物生产能力，高数量级领先于当前的国际生产水平，为同位素的量产提供技术保障。

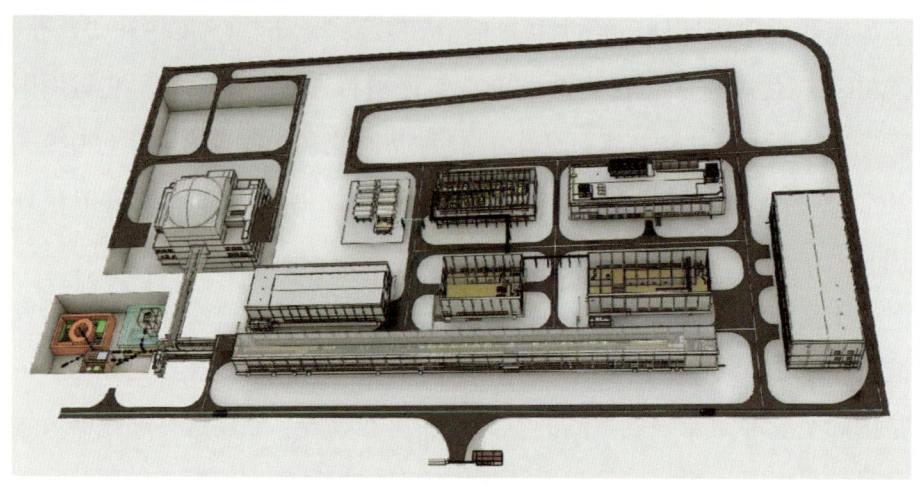

图 7　中国加速器驱动嬗变研究装置（CiADS）

其建设的科学目标在于：第一，实现强流加速器、散裂靶、反应堆各系统长期稳定可靠运行；第二，逐渐实现加速器驱动系统从低功率到高功率的耦合运行；第三，为未来加速器驱动嬗变工业示范装置奠定基础。

基于先进加速器，中国科学院的主要研究领域集中在四方面：核科学领域、能源及相关材料领域、放射生物及精准放疗领域、核技术及应用领域。

离子束治癌（外辐射治疗）

重离子是指质量数大于 4 的原子核，即元素周期表氦核以后（原子序数大于 2 的原子）的离子。重离子束被认为是 21 世纪最理想的用于外辐射的放疗射线。优点包括：能量主要沉积在射程末端（Bragg 峰），峰平比大，对健康组织损伤较低；定位精度高，弥散小，可实现精准点扫描；相对生物学效应高，可实现 DNA 双键断裂，可有效治疗恶性肿瘤。

当前，全球正在运营的重离子治疗中心一共13家，中国有2家；正在建设的重离子治疗中心10家，中国有6家。在国际重离子束治癌领域，美国占据引领地位。1946年，威尔逊首次提出用Bragg峰进行放射治疗。1975年，劳伦斯伯克利实验室进行了首例放射性治疗。但1990年以后，该实验室因加速器关闭而中断研发，人才队伍建设也全部停滞；2010年重新恢复研发，但是设施研制进展缓慢。当时日本和德国的科学家也参与了美国的重离子治癌领域的研究。日本科学家回国以后，于1994年在日本国立放射线医学综合研究所建成了首台专用的医用重离子加速器。目前日本共有运行中的重离子加速器7台，正在建设中的重离子加速器有1台。1997年，德国重离子研究中心发展了主动式的束流点扫描治疗系统，其设备由西门子在海德堡、上海等地建成并运行，当前德国也正在研究新的治疗方法。

在重离子治癌领域，中国科学院近代物理研究所于1993年开始进行基础研究，依托兰州重离子加速器进行细胞试验和动物试验。2006年，开始进行体表肿瘤临床前期试验研究。2006—2009年，共进行了103例体表肿瘤临床前期试验研究。这一系列研究得到了社会的认可，设备的稳定性和可靠性也有所提升。2009年，体内肿瘤临床前期试验研究开始。2009—2013年，共进行了110例体内肿瘤临床前期试验研究。2012年，在甘肃省武威市开始建设首台碳离子治疗系统示范装置（图8），于2015年成功引出碳离子束。2019年9月29日，国家药监局批准碳离子治疗系统上市。2020年3月26日，碳离子治疗系统武威示范装置正式投入临床使用。整个国产医用重离子加速器的研发历程（图9），正是基础研究促进科技发展的典范，也是大科学装置回报社会的典范。

我国首台医用重离子加速器——碳离子治疗系统的成功应用标志着

图 8　我国首台碳离子治疗系统示范装置

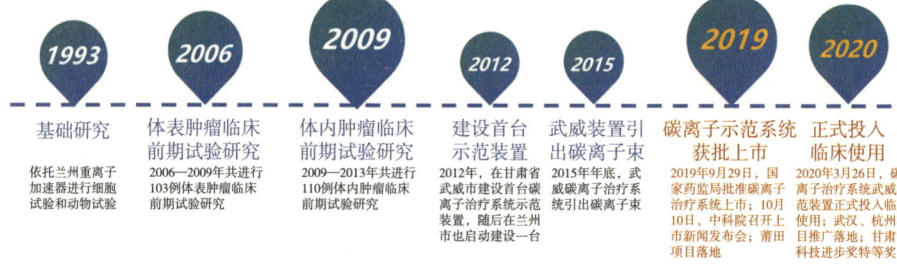

图 9　国产医用重离子加速器研发历程

我国成为全球第四个拥有自主研发重离子治疗系统和临床应用能力的国家，实现我国在大型医疗设备研制方面的历史性突破，使我国高端医疗器械装备国产化迈出了新的步伐。

碳离子治疗系统示范装置结构独特，由回旋注入器、同步加速器和治疗室组成。治疗系统小型紧凑，周长约 56 米，而国际上的治疗系统周长一般为 60~70 米。这台治疗系统是世界上最小的重离子治疗专用同步加速器。束流指标国际领先，单次注入增益达 200 倍，慢引出效率超过 90%，微结构占空比大于 95%。1G 装置总体属于国际先进水平，硬件水平较高，遇到事故可以快速恢复。但由于医学领域长期为国际垄断，所以装置的软件水平整体偏低。在系统设计方面，装置采用了回旋加速器，这既是我们的特点，也是为了避免国际专利的无奈之举，没有实现最优的设计效果。

碳离子治疗系统自2020年3月26日开始上市运营，首年单治疗室治疗患者总数为223人，如今上升到单治疗室日治疗32人次，开机率为97.4%，属于国际先进水平。碳离子治疗系统以治疗胰腺癌与肺癌为特色，设备安全可靠，断电1小时内自动恢复，属于国际领先水平，运行效率也达到了国际先进水平。随着治疗系统不断改进完善，治疗室Ⅰ与治疗室Ⅱ正在运行当中，治疗室Ⅲ与治疗室Ⅳ正在试运行当中。此外，治疗装备还与保险公司合作大病保险，使参险患者显著减轻经济负担，推动治疗系统正常市场化运作。至2022年11月，武威重离子中心治疗病种统计如图10所示。

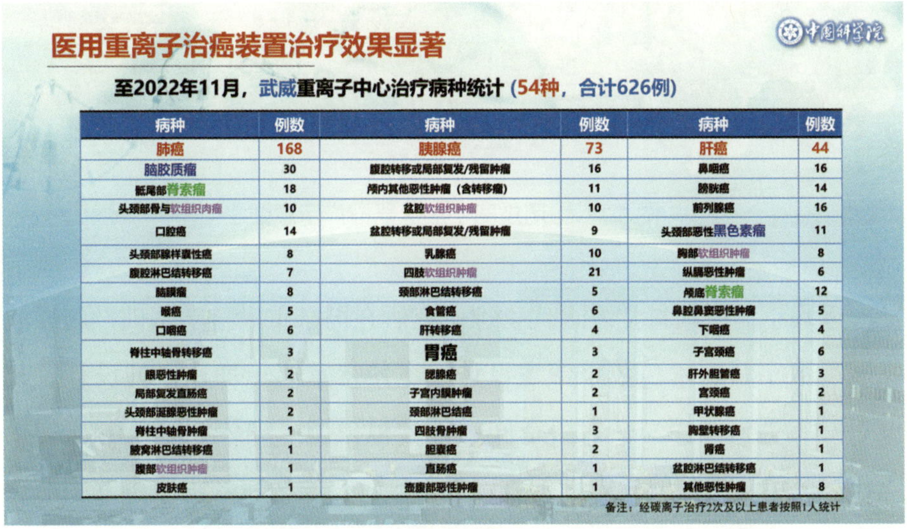

病种	例数	病种	例数	病种	例数
肺癌	168	胰腺癌	73	肝癌	44
脑胶质瘤	30	腹腔转移或局部复发/残留肿瘤	16	鼻咽癌	16
骶尾部脊索瘤	18	颅内其他恶性肿瘤（含转移瘤）	11	膀胱癌	14
头颈部骨与软组织肉瘤	10	盆腔软组织肿瘤	10	前列腺癌	16
口腔癌	14	盆腔转移或局部复发/残留肿瘤	9	头颈部恶性黑色素瘤	11
头颈部腺样囊性癌	8	乳腺癌	10	胸部软组织肿瘤	8
腹腔淋巴结转移癌	7	四肢软组织肿瘤	21	纵膈恶性肿瘤	6
脑膜瘤	8	颈部淋巴结转移癌	5	颅底脊索瘤	12
喉癌	5	食管癌	6	鼻腔鼻窦恶性肿瘤	5
口咽癌	6	肝转移癌	4	下咽癌	4
脊柱中轴骨转移癌	3	胃癌	3	子宫颈癌	6
眼恶性肿瘤	2	腮腺癌	2	肝外胆管癌	3
局部复发直肠癌	2	子宫内膜肿瘤	2	宫颈癌	2
头颈部涎腺恶性肿瘤	2	颈部淋巴结癌	1	甲状腺癌	1
脊柱中轴骨肿瘤	1	四肢骨肿瘤	3	胸壁转移癌	1
腋窝淋巴结转移癌	1	胆囊癌	2	肾癌	1
腹部软组织肿瘤	1	直肠癌	1	盆腔淋巴结转移癌	1
皮肤癌	1	盆腹部恶性肿瘤	1	其他恶性肿瘤	8

图10　武威重离子中心治疗病种统计（截至2022年11月）

在医用重离子加速器的推广（图11）方面，目前已经投入运营的有1台，在武威肿瘤医院重离子中心。正在建设的有6台，分别在兰州重离子医院（已经取证）、福建妈祖健康城（进行注册检验）、武汉汉南区人民医院（安装完成）、浙江省肿瘤医院（正在安装）、南京重离子医院、长春白求恩医院。已经签订合作协议的有5台，分别在山东青岛、陕西西安、重庆、福建福州、湖南常德。已纳入规划的有2台，分别在北京怀柔和广州中山。

图11　医用重离子加速器推广示意图

近几年，中国科学院近代物理研究所在国家重大科学基础设施领域发展了数字新技术。数字孪生设计技术使得重离子加速器的设计、建设、安装更为便捷。在数字空间设计虚拟模型，细致到一条电缆的接入，甚至包括颜色的标识，都可以提前确定。安装时长由原来的年缩短到月，调试时间也由原来的月缩短为天，治疗时间从分缩短到秒。如哈尔滨工业大学安装的空间环境地面模拟装置，在异地的情况下，实现了调试第一天就成功出束，这样的水平在国际上也是绝对领先的。未来，如果离子闪疗模式成功，每次的治疗时间甚至可以缩短到0.5秒以内。每台主机可以供更多的治疗室使用，系统治疗效率将得到大幅提高。

在重离子治癌装置正式投入使用的过程中，我们也收到了来自医生方面的用户反馈。他们对于硬件的要求非常高，但更注重运行稳定。针对提高性价比、增加治疗能力、小型化、软件优化等几方面，目前我们在 1G 重离子治癌装置的基础上升级优化，推出了 1.5G 中间插件器。升级之后，将实现设施故障快速恢复，断电恢复仅需不到 1 个小时，治疗时间也从 5 分钟缩短到了 1 分钟，年治疗能力将从 1200 例增加到 3000 例，占地面积从 18 亩缩减到 2 亩，并在量子保密通信技术的加持下，实现远程调控和诊疗。当前，1.5G 示范装置已经在广东省惠州市开始研制。

靶向 α 同位素精准放疗（内辐射治疗）

2021 年，国家原子能机构、科学技术部、公安部、生态环境部、交通运输部、国家卫生健康委、国家医疗保障局、国家药品监督管理局八部委联合发布《医用同位素中长期发展规划 2021—2035》，提出到 2025 年实现一批制约医用同位素发展的关键核心技术取得突破的目标。

关于放疗同位素，国际原子能机构提出建议：第一，发射带电粒子同位素治疗效果更好，特别是 α 同位素会更为精准有效；第二，同位素的寿命应当在 6~10 小时，以减小对病患身体的副作用；第三，具有同族化学性质的诊疗同位素治疗效果将更为精准。具体来说，医用同位素（图 12）根据用途可分为诊断用同位素和治疗用同位素，当治疗用同位

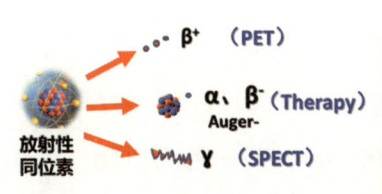

图 12　国际原子能委员会建议使用的医用同位素

素选取诊断用同位素的同族化学性质时，载体相同，靶向相同，能起到诊疗高度一体化的效果。目前，治疗用同位素主要选用 α 和 β 这两种放射性同位素，诊断用同位素则选用 γ。

靶向放射（免疫）治疗的特点在于先进、精准、有效。靶向携带体递送治疗同位素到目标细胞；放射治疗与放射诊疗高度重合，可精准到细胞级别；可用于治疗弥散性、扩散小肿瘤，如神经胶质瘤、胰腺肿瘤、骨肿瘤、白血病等；与外照射治疗配合可提高疗效。

2019 年，美国对适用于 ^{225}Ac 治疗的患者进行了普查（表1），发现有 55 万人左右的病例选择 ^{225}Ac 治疗可达到非常理想的状态。其中，适应证包括黑色素瘤、前列腺癌、神经胶质瘤、白血病、淋巴瘤、骨髓瘤。

表1 美国 2019 年诊断选择适用于 ^{225}Ac 治疗的普查结果

适应证	病例/万人
黑色素瘤	96480
前列腺癌	174650
神经胶质瘤	101040
白血病、淋巴瘤、骨髓瘤	176200

图 13 中左侧图是一例 ^{225}Ac–PSMA 前列腺放疗的治疗前后影像对比图。从图中可以看出，这位患者的扩散比较严重，但是在先后采用 β 和 α 的治疗之后，效果出乎意料。

靶向（免疫）治疗的效果非常显著，并且具有剂量低、副作用小的优点。如图 13 所示，右侧为一例 ^{223}RaCl$_2$ 靶向骨癌放疗的治疗前后影像对比图。^{223}RaCl$_2$ 的化学性质与骨头的钙一致，是一种无机物。采用 ^{223}RaCl$_2$ 同位素治疗，剂量比传统的药物小了将近几百倍，但效果却更

靶向α治疗疗效显著：

靶向（免疫）治疗效果极佳，如图显示，放疗领域前沿
- 易防护：严控内照射，一张纸能阻挡外照射
- 批准临床：^{223}Ra、^{225}Ac//^{213}Bi（申请中）、^{212}Pb//^{212}Bi
- 进入临床测试：^{211}At…
- 在研：^{230}U、^{149}Tb（集诊疗一体，不易量产）等

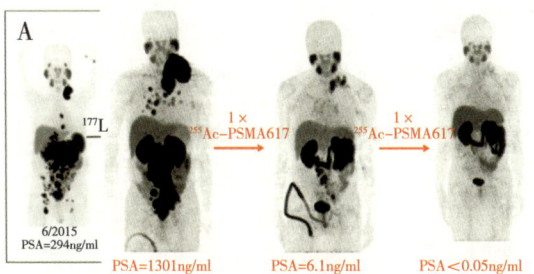

^{225}Ac–RSMA前列腺放疗

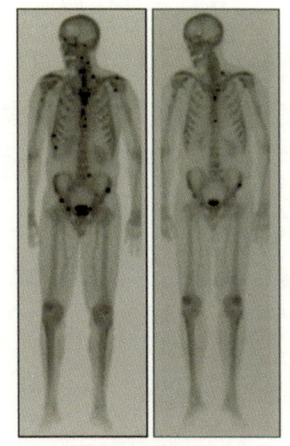

^{223}RaCl$_2$靶向骨癌放疗

图 13 靶向α治疗案例

为显著，治疗效率非常高。前列腺癌最常见的癌症扩散点位是骨，接近90%的患者可以通过影像学检测到骨转移。发生骨转移的患者生活质量将受到极大的影响。从对比图中可以看到，治疗前后对比明显，疗效显著。此外，靶向α治疗也非常容易实现防护，十分安全，使用一张纸就可以阻挡外照射。

靶向放射性药物的同位素在天然环境中不存在，必须依赖人工制造。人造同位素产生的主要过程包括放射性药物同位素制备和热室分离两个环节，二者都是在强辐射的环境下完成的。同位素的制备包括锕系放射源、反应堆和加速器，以后两者为主。现存的锕系放射源均为长寿低产额。反应堆可量产丰中子同位素，以发射γ、β为主。加速器则可产生各种同位素，以发射中短寿β、α为主。加速器分为回旋加速器和强流超导直线加速器两种。回旋加速器可制备少量中短寿同位素，具有低产率和低一次性投入的特点。强流超导直线加速器则可量产中短寿发射带电粒子同位素，产率比回旋加速器高十倍，但目前仅有中国拥有强

流超导直线加速器。热室分离采用的则是柱分离系统，可实现镭、锕从钍靶材料的高纯、高效分离。

目前，中国科学院近代物理研究所联合宁波材料所和多家医院正在进行新型脑胶质瘤载体研究，实现了 ^{D}APT-NM 体内跨越血脑屏障性能较 ^{L}APT-NM 提升 3.75 倍，主要通过 Y_1 受体介导的内吞跨越血脑屏障。^{D}APT-NM 原位脑胶质瘤靶向性较 ^{L}APT-NM 也提升了 2 倍。使用 ^{68}Ga 标记 NOTA-NPY 多肽，经放射性活度检测和纯度检测，标记率为 80%。

此外，中国科学院近代物理研究所还联合中国科学院福建物质结构研究所以及香港大学深圳医院进行稀土纳米功能载体研究。目前已经突破了现有稀土纳米生物医学载体无法在生物体内降解的技术瓶颈，并成功研发了首例 ^{89}Zr 标记稀土荧光 PET 显像剂，标记率高于 95%，具有不脱标、体内降解、快速代谢的优点，全面优于现有的 ^{89}Zr-PET 显像剂。

在靶向 α 治疗领域，当前我国面临着重要的发展机遇：首先，"面向人民生命健康"，靶向 α 治疗正是保障人民生命健康的高端有效措施之一；其次，靶向 α 治疗的发展拥有 PET、RIT、IRMA 等众多放射免疫诊疗基础；再次，靶向 α 治疗属于放射治疗的前沿领域，是一个新兴产业；最后，香港大学深圳医院可享有国家授权的新药临床特许政策。如此一来，我国在靶向 α 治疗领域的发展就大有希望。

在需求方面，当前全球靶向 α 治疗同位素供不应求，特别是 ^{225}Ac，每 10 万人就需要 75Ci 的量，这是当前的生产水平远远跟不上的。如此大的需求，既是我们发展的动力，也是我们发展的机遇。反观国内，我国靶向 α 治疗的需求，更是如此。我国人口放射性诊疗在数量与档次上均与发达国家差距显著，放射性药物昂贵且严重依赖进口。

我国靶向α治疗有一定的基础，原来国内的相关研究总体上还以跟踪为主，目前则有典型的"政产学研用"研发机制，在国家的高度支持下，发展速度将会比较快；针对放射性药物管理较弱的情况，如目前只批准了 $^{223}RaCl_2$ 可在临床使用，八部委应联合制定政策，促进放射性药物的临床试验和许可证派发；这个过程将涉及多部门管理、审批难、周期长的问题，亟须确定国家牵头管理部门。

此外，我国靶向α治疗也具备一定的比较优势：国家的"政产学研用"举国研发体系属于国家的重大专项计划；强流超导加速器水平高于国际同类加速器，利用相关的国家重大科技基础设施及平台建设，5年内可量产靶向α治疗诊疗所需的同位素，还可缓解国际市场上供不应求的情况；化学及纳米学科水平国际领先，原创的稀土纳米载体可标准化加快新靶向α治疗的研发；在靶向研发领域，学科齐全，规模最大。

中国科学院近代物理研究所的强流超导直线加速器（图14）样机长度为30多米。2021年的测试结果显示，当为样机提供126千瓦的能量时，样机供束率可高达93%，远远超过了工业化应用85%的要求。而供能达到174千瓦时，供束率更是高达96.2%。目前水平远超国外一个数量级。兰州靶向同位素实验平台正在进行靶向同位素量产样机的研发建设。

目前，惠州正在建设两个国家重大科技基础设施（图15），分别是强流重离子加速器装置（HIAF）和加速器驱动嬗变研究装置（CiADS）。其中强流重离子加速器装置是国际上脉冲束流强度最高的重离子加速器装置，可用于重离子物理基础及应用研究。加速器驱动嬗变研究装置是国际上首个10兆瓦级ADS系统研究装置，可用于加速器驱动的先进核能系统研究。

图 15　惠州在建的两个国家重大科技基础设施

与国外类似平台相比,惠州示范项目强流质子超导直线加速器的产额是国外类似平台相应能量装置水平的 5~25 倍;采用高功率多靶系统,并实现数百千瓦的散热;可进行 ^{223}Ra、^{225}Ac 等多种同位素同时柱分离,效率更高;同时还在进行高放射性废液循环利用的探索。虽然当前有 90% 以上的硬件是国产的,但高端芯片依然是我们的弱点。这几年的情况有所改进,但我们依然需要迎头赶上。

在配置方面,为医院的放疗中心作出建议,如表 2 所示。重离子主要治疗光子无法治疗的、深度大于 8 厘米的肿瘤。轻离子主要治疗光子无法治疗的、深度小于 8 厘米的肿瘤。靶向 α 治疗则将显著提高治疗范围及规模。

图 14　中国科学院近代物理所 α 发射体靶向放疗同位素（^{211}At）研发的超导直线加速器

表 2　医院放疗中心配置建议

级别	配置	外照射治疗人数/（例/年）
入门	轻离子（器+1室）+光子设备（>2）	>1000
基础	轻离子+光子设备（≥4）	>3000
加强	重离子+光子设备（≥10）	>5000
理想	轻离子+重离子+光子（≥20）	>10000

总结与建议

首先，基于加速器的带电粒子内外照射是精准有效放疗领域的前沿。精准放疗每年可有效治疗百万例其他方法难以医治的恶性肿瘤患者，靶向 α 治疗内照射放疗比离子外照射治疗病例可高数百倍。至今为止，全世界质子束放射治疗病例大约有 40 万例，重离子束放射治疗病例约 4 万例。

其次，强流超导加速器是国之重器，保证了我国量产放疗关键核心技术居于国际领先地位。10 毫安超导直线供束率大于 93%，超过工业化要求的 85%，超过国外类似装置产额近 10 倍。数字孪生技术不仅加快了系统优化迭代，也保证了研制周期。兰州科教平台和惠州重大科技基础装置建设将为量产靶向α同位素研发提供国际领先的研发基础。

最后，提出两条建议：第一，建议国家优化重离子医用加速器医疗器械的管理。优化注册流程，由"一机一证"变为"一型一证"，并加快新型号审批速度。同时，加大国产大型医疗器械的配置额度。第二，建议国家设立专项研发靶向同位素诊疗放射性药物。加快基于强流加速器装置的放射性药物研发，推进产业化量产示范，实现从进口替代到向国际市场供药，突破当前美国产225Ac不到需求的数百分之一的现状；优化临床试验及新放射性药物许可管理，加快新靶向放射性药物研发；优化辐射安全、相关放射性生物试验等管理政策。

互动环节

问题一：精准放疗是机器控制，还是人为控制成分更多？

观点一： 人为控制的成分更多一些，数字孪生技术的应用也主要依靠于人的设计。在精准放疗的过程中，主要的中间过程也是人为的，这个问题需要专业的医生来回答。

观点二： 第一，在精准放疗的过程中，医生首先要做的是诊断，对具体什么病、处于什么期、属于什么类型及需要采用什么技术作出判断。放射治疗包括外照射治疗和内照射治疗，外照射治疗就像是激光制导，实现精准打击；而内照射治疗就像是地雷战，把地雷埋进去。詹文龙院士的工作更像是生产"武器炮弹"，研究"武器炮弹"的精准度，而医生做的工作则是如何使用这些"武器炮弹"，研究将机器用到什么程度。医学首先讲安全，其次讲有效，第三才讲效率。

第二，医生需要设计治疗计划。如面对一个肺癌患者，就要研究放疗从什么角度投照才不会伤到心脏和血管。目前这个环节会有人工智能技术的加持，过去人工计算需要半天，现在只需要两个小时。设计完成之后，医生要先做质量验证，用一个人体模型验证是否正确，然后才能真实地用到患者身上。以上这些步骤，就是为了保证安全。

第三，面对一个患者，医院需要派出四个部门的人员才能治好一个患者，包括医生、护理师等。这就是医疗费用高昂的原因——人力成本太高。在一个患者躺好做放疗之前，首先需要用影像引导系统（超声、核磁、CT）扫一遍，观察癌症的具体位置。这些工作完成之后才能进行射线发射。可能射线发射的过程只需要几秒，但前期的准备是非常重要的。在按下一个回车键的背后，有大量且非常复杂的工作要做，这些都是医生来负责的。

问题二：对于肿瘤治疗，传统方法与核医学有什么区别，是替代还是互补？

答：对肿瘤的治疗，最早也是采用外科手术，大概持续了 300 多年。120 年前，伦琴和居里夫人发现了 X 射线和镭，也都因此获得了诺贝尔奖。在这 120 年间，治疗肿瘤主要有两大技术：冰冷的手术刀和炙热的 X 射线。现在出现了靶向免疫疗法，当然还需要通过持续的临床验证。

这几种治疗方法基本上是互补的，外科手术主要用于肿瘤早期治疗。每个肿瘤都分四期，一期是 3 厘米以下的小肿瘤，除 80 岁以上的老人、糖尿病和高血压患者之外，基本都可以进行切除。无法切除的肿瘤就可以进行放射治疗，称为 SBRT 立体定向放射外科技术，詹文龙院士从事的重离子研究就是属于放射外科领域的工作。

问题三：目前核医学针对哪些癌症更有疗效？患者对于核医学治疗的接受程度如何？

观点一： 目前在国内，关于核医学肿瘤治疗，大家的认知度和关注度是不够的。比如常见的甲状腺功能亢进（简称甲亢），甲亢最经典的治疗方法是使用碘 –131 放射性同位素，这是很早且非常标准的靶向治疗。在美国的医疗指南里，碘 –131 被列为甲亢首选治疗方法。而在国内，人们一开始对碘 –131 并不那么容易接受，最终还是会因效果非常好而选择接受。并发性甲状腺癌通过放射性同位素治疗能达到治愈的目的。但在国内，面对核医学疗法，公众还是有所恐惧，存在一定的认知误区。尤其是日本原子弹爆炸以及福岛核电站事故，更是给公众蒙上了一层心里阴影。事实上，在临床上应用于诊断和治疗的放射性同位素，与这些灾难性的核危机相比，在剂量上的差别是巨大的。用于临床诊断的剂量，对于患者是安全的，对于公众也是绝对安全的，大家需要了解这样的事实，并解除这样的心理负担。

除接受度以外，核医学还存在着供需矛盾。老百姓的需求是巨大的，但我们能提供的却是非常有限的，更不用说目前我们还需要发展一些更为先进的技术来用于放射性同位素治疗的发展。不过，目前各国都在高度关注和推动这个行业的发展，未来可期。总而言之，希望老百姓能够了解到，核医学治疗首先是绝对安全的，其次是非常有效的。

观点二：核医学治疗对于肺癌、甲状腺癌、前列腺癌的治疗是比较有优势的。此外，不同疾病在不同阶段情况也不同。如果肿瘤出现了骨转移，则比较适合选择放射性同位素，通过外照射和内照射进行治疗。但对于较为早期发现的肿瘤，则没必要应用放射性同位素的治疗。原因在于：第一，在肿瘤治疗的早期阶段，外科手术就可以将肿瘤完全切除，达到治愈的目的；第二，目前有很多的疾病，通过靶向治疗也同样可以达到非常好的效果。从临床上来讲，我们讲究安全、有效、经济，所以不会因为核医学有多么好、多么重要，就建议所有的患者都进入放疗科和核医学科来接受诊治，这是不可以的。

问题四：目前我国核医学装备技术在国际上处于什么水平？制约核医学发展的主要因素有哪些？

答：核医学装备从临床医学的角度可以分为两大类，一类是核医学，一类是肿瘤放疗学。除此之外，涉及核的医疗装备还包括影像、CT、核磁，这是量级最大的部分。在这些基础的方面，我国已经赶上了国际发展水平。但核医学分子影像装备、体外CT、肿瘤放疗等与直线加速器、特殊加速器这些大型主体相关的装备，我国有20%与国际处于并跑水平，剩余80%都还处于跟跑状态，其中有些差距还比较大。

关于制约因素，我个人认为有几方面：第一，大型的医疗装备是多学科综合的，涉及核、电子、影像、机械、生物等多学科，而我国的研发体系是各研究院所专注各自的领域，很难找到一个机构把所有的相关学科都集中在一起进行协同研发，在跨学科协作的层面上会受到一定的限制。第二，中国的工程师和医生之间，存在严重的沟通不足，对此我自己也有切身体会。我曾有幸前往美国大学的医院参观他们的放疗科，我们发现GE、西门子有大量的工程师就驻扎在医院中。医院在大装备的临床使用中，一旦出现问题，医院中驻扎的工程师团队马上就可以在现场解决问题。这一点，在我们国内是做得不够的。第三，国际上对手实力的确强大。经过三四十年的发展和大浪淘沙之后，全球放疗和核医学高端装备研发企业仅剩GE、西门子、飞利浦、医科大、瓦里安、IBA这几个。他们拥有全球最尖端的技术。如果要求我们的技术与他们竞争，对我们的要求其实是非常高的。统计发现，当国产设备性能与国外设备相差无几的时候，只能以对方70%的价格成交；而当我们的性能比国外设备要差的时候，卖30%的价格都无人问津。行业现状就是这样，竞争对手太过强大。

最后，大装备研发的规律决定了我们需要大量的、长周期的投入。目前，国家也在加大规划和投入。相信再过一段时间，我们的研发水平还是可以上来的。

中国科技会堂论坛第二十一期
绿色氢能与全球低碳转型

导读

氢能是 21 世纪极具发展前景的二次能源，因具有质量能量密度高、使用过程只产生水、可利用可再生电力制取等多重特性而备受青睐。

当前，一些主要的发达国家和经济体已将氢能视为能源转型的重要战略选择之一，各国持续加大投入、加强布局，抢占氢能产业发展的制高点。在我国"双碳"目标提出的背景之下，氢能源也将在能源生产和消费革命中扮演着关键角色，受到高度重视。目前我国氢能产业仍处于发展初期，相较于国际先进水平，仍存在产业创新能力不强、技术装备水平不高、部分关键核心零部件和基础材料依赖进口等问题。

氢能从产到用全过程可能存在的燃爆风险可否有效防控？我国氢能产业的发展现状与未来趋势究竟如何？随着大国竞争从传统能源延伸到新能源战场，能源竞争也将迈入氢能时代。当下的中国，该如何释放氢能源的潜能，加速推动能源革命，值得我们每个人去深入思考。

主讲嘉宾

曹湘洪

中国工程院院士，中国石油化工集团有限公司科技委资深委员，全国石油产品和润滑剂标准化技术委员会主任。长期从事石油化工技术开发与技术管理工作。曾获国家科技进步奖 5 项，省部级科技进步奖 10 项。

互动嘉宾

李明丰　中石化石油化工科学研究院有限公司董事长、总经理、院长，中国化工学会烃资源评价加工与利用专家委员会主任委员。长期从事绿色低碳发展、氢能、废塑料化学循环利用等研究。

余卓平　同济大学国家 2011 计划智能型新能源汽车协同创新中心主任，中国氢能与燃料电池产业创新联盟副理事长兼专家委员会主任。长期从事车辆工程、燃料电池关键技术等领域教学科研。

方　川　北京亿华通科技股份有限公司研发总监。长期从事氢燃料电池研究，带领团队完成 40kW、50kW、60kW、80kW、120kW、240kW 产品开发。

主讲报告

发展氢能，推进减碳

主讲嘉宾　曹湘洪

2020年9月22日，习近平总书记在第七十五届联合国大会一般性辩论上发表重要讲话，向世界承诺我国二氧化碳排放力争于2030年前达到峰值，努力争取2060年前实现碳中和。总书记的讲话明确提出了我国控制碳排放的战略目标。发展氢能是实现"双碳"目标的重要战略措施之一。

氢气的功能

氢气具有四大功能，分别是储能功能、能源转化功能、工业利用功能、固碳功能。

第一，氢气的储能功能将使氢能储能成为未来可再生电力系统中必不可少的储能形式。

大力发展风电、太阳能发电等是实现"双碳"目标的重要举措。根据预测，到2060年实现碳中和时，可再生电力要占总电力的80%。然而当具有间歇性随机性的可再生电力高比例接入电网时，将会严重影响电网安全。一是，新能源采用电力电子装备，导致系统抗扰动能力降低，故障时频率、电压波动等加剧，可能发生连锁故障；二是，新能源大量替代常规火电，导致电力系统动态调节能力不足，存在频率、电压崩溃风险。因此可再生能源发电比重越来越高将带来重大的技术性挑战。

风光电源网荷储一体化是发展可再生间歇性电源的基本策略，但电池储能实现大容量长时间储能存在困难大、投资高、成本高的问题。

2022年10月31日，总建设规模200兆瓦/800兆瓦时、占地面积5.01万平方米、建筑面积7.13万平方米、总投资38亿的大连全钒液流电池储能调峰电站一期工程投产。其储电能力为100兆瓦/400兆瓦时，相当于通常所说的40万度。但根据报道显示，大连市在11月用电高峰时期，用电量高达703万度。因此，一旦电网出现问题，调峰电站所储的40万度电仅能保障特殊单位、通信单位、电视台、政府部门的基本用电，而无法满足其他用户的用电需求。

鉴于储能电池的结构，其在充放电过程中的热失控很难避免，控制电储能安全风险难度较大。当前韩国正大力发展可再生能源，旨在实现能源转型。其中储能发展也受到了高度重视，但安全事故却频频发生。2019年6月11日，韩国政府公布了2017年8月至2019年6月由储能电池故障引发的23起严重火灾事故调查报告。其中14起在充电后发生，6起在充电过程中发生，整个储能行业因此损失约2000亿韩元。

与电化学和超级电容器等其他储电方式相比，通过电解水制氢并储存氢气的方式在储能时长、储能容量方面占有优势，容易实现大容量、长期、安全储存。储存氢气的高压压缩储存、液化储存、转化成化学品储存等技术当前已比较成熟。如氢可与一氧化碳、二氧化碳合成甲醇，氢和氮可以制成合成氨。合成氨的含氢量为17%，可作为氢的储存载体在洲际范围内进行交易。此外，MgH_2、Ti_2CT_x（T：氟、氧官能团）等金属化合物固态储氢技术当前正在开发中。上海交通大学开发的MgH_2储氢已计划开展商业化示范实验。

氢气长距离管道输送至今已有60多年的历史。全世界最长的输氢管道长达402千米。欧洲、美国的输氢管道分别约长1500千米和700千米。当前我国在用输氢管道总长99千米，其中最长的一段为"巴陵—长岭"氢气输送管线，长42千米。在氢气中掺入天然气进行混合输送方面，英国的试验项目已取得积极成果，正在向掺氢 20% 的目标努力。美国及部分欧盟国家天然气掺氢规划也已相继启动。

全球领先的气体和工程集团——德国林德公司，在美国墨西哥湾启动世界上第一个盐穴大规模储氢项目目前已运行 10 多年。盐穴储氢是将氢气注入地下盐穴的一种地下储氢技术。盐穴储氢技术结构示意图如图 1 所示。近 10 多年，我国快速发展的天然气地下储存库基本是通过注入地下盐穴的方式来进行储存。林德公司这一盐穴储氢项目储氢压力可高达 17 兆帕，即 170 千克力 / 平方厘米的储存压力。其储存的氢气通过管道供应得克萨斯州斯威尼炼油厂到路易斯安那州莱克查尔斯炼油厂沿线的几十家炼油厂和化工厂。

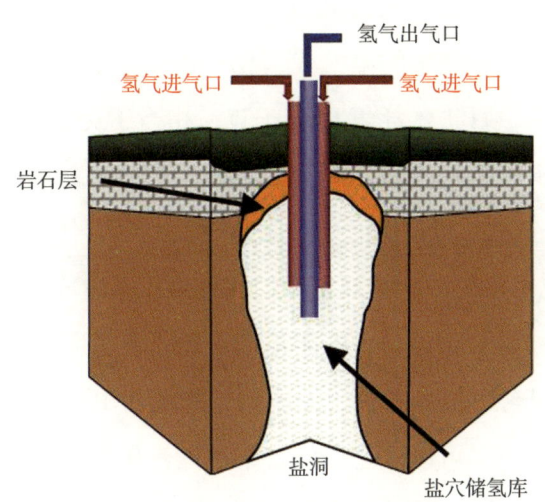

图 1　盐穴储氢技术结构示意图

到目前为止，世界上已建成一批氢储能项目，单个项目最大能力为 6 兆瓦。我国第一个 1 兆瓦氢储能项目已于 2022 年在安徽六安建成并投入运行。全球范围内，目前正在开发的 13 个吉瓦级绿电制氢项目，总储能量达 61 吉瓦。其中最大的是亚洲可再生能源中心位于澳大利亚西部的 AREH 项目，用 16 吉瓦陆上风能和 10 吉瓦太阳能为 14 吉瓦电解槽供电，年产氢 175 万吨，投资 360 亿美元，计划于 2027—2028 年完成（注：1 吉瓦 =1000 兆瓦 =100 万千瓦）。

第二，氢气的能源转化功能使得氢能成为清洁、高效、可灵活应用的二次能源。

当氢气采用燃料电池发电时，其电化学转化过程能效可达 55%～60%，热电联产能效可达 85%～90%。采用化石能源制氢进行能源利用，也可进一步提高其能源转换效率。如采用天然气制氢，能效可达 83%。其所产生的氢气用燃料电池热电联产发电，能效为 85%～90%，综合能效为 70%～75%，明显高于天然气燃气轮机联合循环 60% 的热效率，更高于天然气锅炉供热发电的热效率。采用汽油制氢，每千克氢气耗油约 5.2 升。丰田汽车的第二代"MIRAI"燃料电池汽车，最高输出功率为 134 千瓦，百千米耗氢 0.66 千克，相当于百千米油耗 3.4 升。目前市售相同整备质量汽油车百千米油耗均无法达到这一水平。

天然气、氢气或煤气化生产的合成气用固体氧化物燃料电池（SOFC）+蒸汽轮机的联合循环系统的流程为：天然气、氢气或合成气经预热后进入固体氧化物电池，产生电能，通过直流到交流变换后进入市政交流电网。其经 800℃左右的固体氧化物燃料电池发电产生的高温尾气，通过余热锅炉又可以产生蒸汽，带动蒸汽轮发电机组发电。整体可实现煤炭的高效利用，整体效率超过 85%，还可为以新能源为主体的新型电力系统提供转动惯量。目前，这样的天然气/氢气固体氧化物燃料电池蒸汽轮机联合循环系统已经在德国实现工业化，最大功率高达 11 吉瓦。

中国工程院彭苏萍院士正在开发如图 2 所示的固体氧化物燃料电池和固体氧化物电解槽集成实现二氧化碳零排放的煤炭发电联产化学品的技术。煤气化制 H_2+CO（合成气），合成气 SOFC 发电，在实验室中可

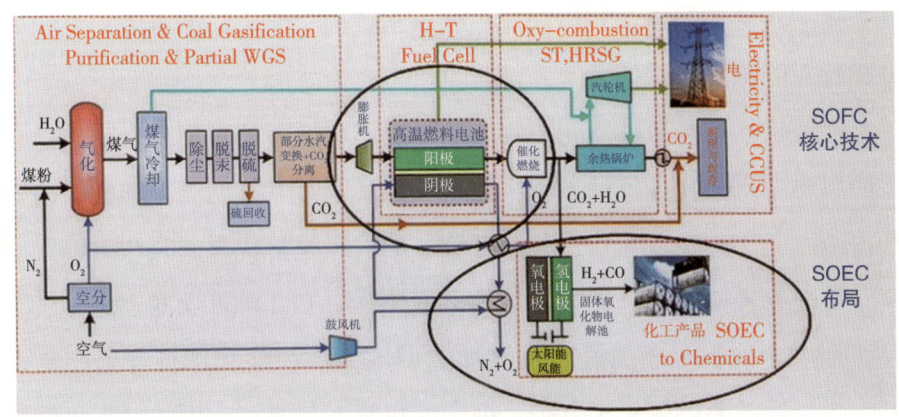

图2 二氧化碳近零排放的煤气化发电技术流程图

实现能效60%，热电联产能效90%已得到验证。

氢能分布式供电供热系统，采用微型民用燃料电池发电供热机组为居民供电和提供热水，热效率可达90%。截至2022年，日本已累计应用超过40万台。在日本的氢能示范社区，就应用了微型燃料电池发电供热系统。居民楼每家窗户下都装有微型民用燃料电池热电联产机组（图3），既可以供热也可以供电。每家的电能及热力不再需要外供，只需供氢气即可。

图3 日本微型民用燃料电池热电联产机组

第三，氢气的工业利用功能。绿氢在炼油、化工、冶金等工业领域替代化石能源，减碳效果十分显著。

绿氢炼油：在原油转化成汽煤柴油及石化原料的过程中，氢气是必需的原料。目前我国炼油过程主要采用煤炭、天然气制氢。其中煤制氢约占70%，天然气制氢仅占较小部分。如以绿氢替代煤制氢和天然气制氢，每吨绿氢替代可分别减少二氧化碳排放约17.1吨和5.32吨（表1）。一个加工含硫原油千万吨级的全加氢型炼油厂，除利用自身副产氢以外，每年约需要外供氢8万吨。采用煤制氢，其每年产生的二氧化碳排放为176万吨。如以绿氢替代，可减少二氧化碳排放137万吨。

表1 天然气、煤炭、绿电制氢全寿命周期二氧化碳排放对比

制氢能源	二氧化碳排放/（kg/kgH$_2$）
天然气制氢	10.22
煤炭制氢	22.00
绿电制氢	4.90

绿氢制化学品：合成氨（NH_3）是重要的化工原料和主要化肥尿素的原料。我国生产合成氨使用的氢气主要来自煤制氢。用绿氢合成氨，每吨合成氨产生的二氧化碳排放量可减少3.02吨。

氢冶金：用氢气代替焦炭做还原剂，将铁矿石还原成铁，每吨铁冶炼产生的二氧化碳排放可减少1.8吨。此外，氢冶金还可大幅减少炼铁过程中的污染物排放量。目前，世界上已有钢铁工厂在积极探索氢冶金技术。

第四，氢气的固碳功能。氢气是二氧化碳大规模应用中不可或缺的原料。

在实现"双碳"目标的过程中，离不开对二氧化碳的捕集和利用。

预计到2060年，80%的电力来自可再生能源，但依然还存在需要使用化石能源的场景。而只要使用化石能源，就会产生二氧化碳排放。在这样的情况下要实现零碳排放，二氧化碳的捕集与利用不可或缺。

经济社会发展，从人们的衣、食、住、行及医疗健康、能源低碳化转型到确保国土安全的国防军工都离不开含碳化学品和含碳材料，如目前绝大部分药品都属于碳氢化合物，其碳氢氧、碳氢氟及碳氢氮等元素构成的药物分子中碳氢是主要元素。目前化石能源是生产含碳化学品和含碳材料的主要资源，包括煤炭、石油、天然气等。在低碳社会，化石能源的使用必定会受到限制。有碳汇功能的生物质将成为资源，二氧化碳制化学品（CTC：Carbon dioxide to chemical product）更显得十分重要。

二氧化碳制化学品的生产要有氢气参与，二氧化碳与氢气（绿氢）反应可合成甲醇。我国大连化学物理所李灿院士团队完成了全球首个太阳能光伏发电、电解水制氢、二氧化碳加氢制甲醇的千吨级装置的示范项目。示范项目可实现二氧化碳在180℃下单程转化率达12.5%，甲醇选择性94.3%。甲醇可以进一步转化成汽油或乙烯、丙烯。利用太阳能、风能发电，电解水制氢，再将电厂烟气中的二氧化碳进行捕集，合成甲醇，最终制成汽油、乙烯、丙烯。乙烯、丙烯还可再制成合成材料。二氧化碳制化学品流程图如图4所示。

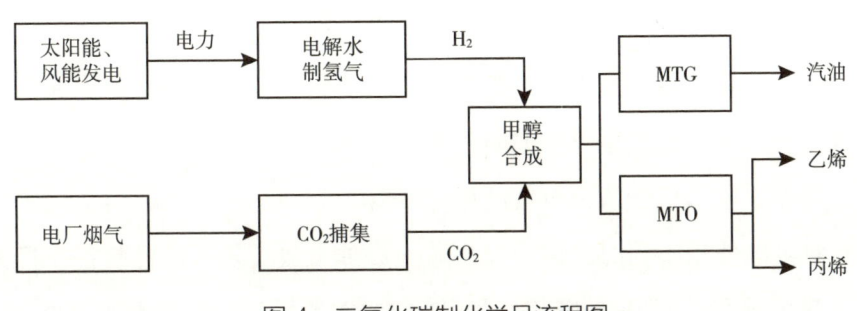

图4　二氧化碳制化学品流程图

中国科学院上海高等研究院在二氧化碳化工利用技术开发方面取得重要进展，化工产品制备的具体技术路径为：二氧化碳和甲烷自热重整生成低氢/碳比的一氧化碳和氢气，从外部补充氢气反应生成甲醇、乙醇等含碳化学品或生成油品。二氧化碳和甲烷的自热重整已完成万吨级装置的示范。许多新的二氧化碳化工利用技术正在开发，氢气在其中都不可或缺。未来，氢气可由水经绿电电解后制得，城市的厨余垃圾通过液氧发酵生产甲烷，与二氧化碳自热重整后制成低氢/碳比的一氧化碳和氢气的混合气，再外加氢气后反应合成一系列化工产品。二氧化碳和甲烷自热重整气加氢制各种化学品流程图如图5所示。

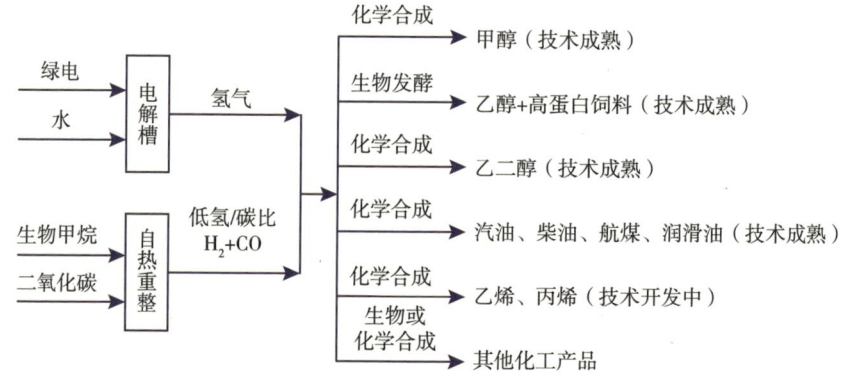

图5 二氧化碳和甲烷自热重整气加氢制各种化学品流程图

氢能从产到用全过程燃爆风险的防控

氢气是自然界分子量最小的气体，具有易燃易爆的特性。因此对氢能从产到用全过程燃爆风险的防控非常重要。

首先，应当科学认识氢气的燃爆风险。

对氢气使用不当时，就会发生着火爆炸事故。氢气储运装备一旦失效，就可能发生泄漏、燃烧、爆炸，造成重大人员伤亡和财产损失。

2019年5月，韩国电解水制氢储罐爆炸，导致2人死亡，6人受伤，大量居民被疏散，引发民众恐慌；事故原因为操作失误。2019年6月，挪威加氢站（I型瓶）爆炸，导致2人受伤，丰田和现代因此暂停销售FCV；事故原因为高压储氢容器瓶口密封泄漏。2016年9月，中国上海氢气管束集装箱（I型瓶）泄漏着火；事故原因同为操作失误，加氢车未拆除加注软管就开动。2021年8月，中国沈阳氢气长管拖车（I型瓶）爆燃，附近居民被疏散；事故原因为拖车软管破裂。

但是氢能在使用中的燃爆风险是可防可控的。氢气和天然气同为易燃易爆气体，但从它们的物理化学性能进行分析，其燃爆特性是有差别的。二者与空气的混合物，遇火源发生燃烧或爆炸的浓度范围是明显不同的。氢气的燃烧与爆炸浓度范围远大于天然气。但天然气的爆炸浓度下限比燃烧浓度下限仅高1%，氢气爆炸浓度下限比燃烧浓度下限高了14.3%，达18.3%。天然气、氢气与燃爆危险性有关的物理化学性能如表2所示。因而氢气泄漏积聚到爆炸浓度下限需要更大的泄漏量或同样泄漏量需要更长的泄漏时间，这对防控氢气爆炸是有利的。

表2 天然气、氢气与燃爆危险性有关的物理化学性能

物性	天然气	氢气
燃烧浓度范围 /v%	5.3 ~ 15.0	4.0 ~ 75.0
爆炸浓度范围 /v%	6.3 ~ 13.5	18.3 ~ 59.0
扩散系数 /（m^2/s）	1.6×10^{-5}	6.1×10^{-5}
比重（空气=1）	0.5548	0.0695
自燃温度 /℃	540	527
单位体积发热量 /（MJ/Nm^3）	55.5	12.8
单位体积爆炸能 /（Gtnt/Nm^3）	7.03	2.02

注：数据源于丰田汽车及《石油化工原料与产品安全手册》《氢安全》(Hydrogen Safety)。

氢气的比重是空气的1/14，天然气的1/7.9，一旦泄漏，很容易向上空扩散。日本研究机构在密闭空间内进行氢气泄漏实验，其氢气泄漏后浓度分布的数值模拟结果（图6）说明氢气更容易在密闭空间顶部积聚。

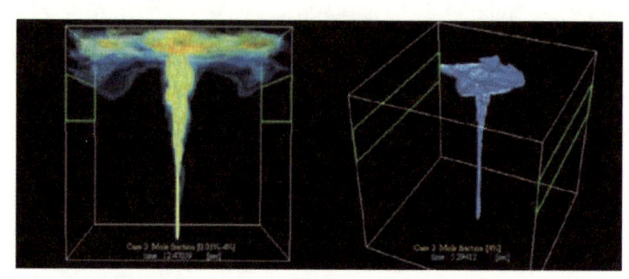

氢气以10L/min泄漏4分钟后的浓度分布
（封闭空间内氢气泄漏后的浓度分布，左：0.01%~4%、右：4%）
图6 氢气泄漏后浓度分布数值模拟结果

中国石化青岛安全工程研究院化学品安全国家重点实验室进行了加氢站典型氢气泄漏扩散行为的数值模拟，而后提出了对加氢站罩棚进行设计的建议。经数值模拟发现，普通罩棚、平顶棚、带倾角罩棚的氢气扩散效果完全不同（图7）。倾角罩棚在静风、有风条件下均能显著降低可燃氢气云团量，可燃氢气云团量最小。因此在加油站增加加氢功能时，加油站需要对罩棚进行改造。此外，环境风速及风向对高压氢气泄漏扩散也存在影响。环境风对泄漏氢气具有稀释作用，但在不利风向下，氢气进入高障碍区域，可使得可燃氢云量增大。因此加氢站在建设时要综合考虑当地主导风向风速，来对加氢站进行合理选址和布局。

单位体积氢气的发热量是天然气的1/4.33，单位体积天然气混合气在浓度上限为13.5%时爆炸产生的能量（即破坏力）与单位体积氢气混合气在爆炸浓度上限为59%时爆炸产生的能量相当。日本自动车研究所在乘用车车厢内进行了氢气的燃烧和爆炸试验，用电火花点火，当车厢内氢气浓度为12%时，氢气闪燃，而放置在点火器旁的餐巾纸没有

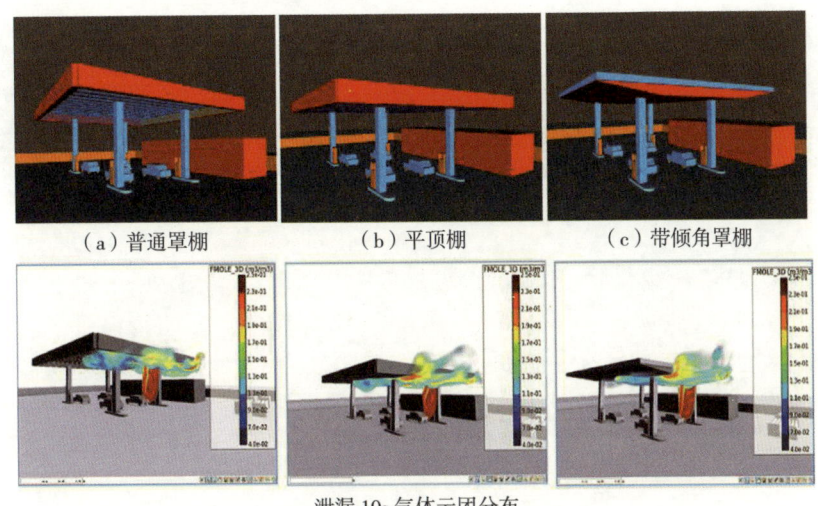

泄漏 10s 气体云团分布

图 7 罩棚形状对氢气泄漏扩散行为的影响示意图

被点燃；当氢气浓度为 40% 时，其爆炸能量击碎了车窗玻璃；当氢气浓度达到 60% 时，爆炸造成了车身破损。

中国石化青岛安全工程研究院化学品安全国家重点实验室进行了加氢站泄漏燃爆事故后果模拟实验（图 8），证明了加氢站氢气泄漏后处置积聚的重要性。当空气中氢气浓度为 10% 时，氢气闪燃，但塑料大棚中的车与其他东西完好，超压小于 1 千帕，即 0.01 千克力/平方厘米；当空气中氢气浓度为 20% 时，氢气燃爆，塑料大棚中间的塑料房子着火，峰值压力约 9 千帕，正压时间约 130 毫秒；当空气中氢气浓度为 30% 时，氢气燃爆，整个塑料房子都燃烧起来，峰值压力约 80 千帕，正压时间约 45 毫秒。

天然气作为民用燃料，已通过管道送到数亿家庭中。使用压缩天然气的汽车已经超过 700 万辆，并继续呈增加趋势。一些船舶也开始使用压缩天然气替代船用油。根据上述对氢气和天然气燃爆特征的分析，只要像管理天然气一样管理氢气，做到"不泄漏、泄漏后及时发现、泄漏

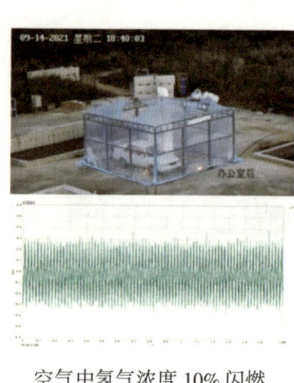 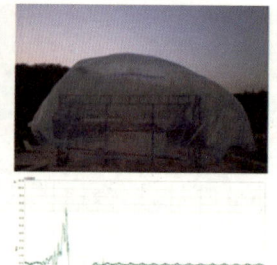 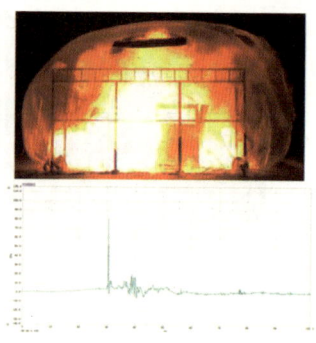

空气中氢气浓度 10% 闪燃　　空气中氢气浓度 20% 燃爆　　空气中氢气浓度 30% 燃爆
（超压小于 1kPa，　　　（峰值压力约 9kPa，　　　（峰值压力约 80kPa，
即 0.01kg/cm²，）　　　正压时间约 130ms）　　　正压时间约 45ms）

图 8　加氢站典型爆炸场景实验测试

后不积聚"，氢能使用中的燃爆风险就可防可控。

　　日本的氢能发展在世界处于领先地位，其在加氢站、氢能示范社区建设中就是按"三不"原则管控氢能燃爆风险的。日本东京新日本石油目黑加氢站和周边居民楼仅一墙之隔。日本大阪市城东区岩谷产业森之宫加氢站，氢储存方式为液氢，储罐容量为 1.1 吨，可满足 300 台车的加氢需求，液氢储罐氢逃逸为 12～13 千克/天。其储氢罐与周边民房、医院设施的距离仅为 18 米。氢气管道输送的安全问题一直是学界与业界所担心的重要问题，而在日本北九州氢能示范社区，社区内所使用的氢气由新日铁输氢管道输送至示范社区，管道则穿过高速公路与高速铁路进入氢能源试点街区。

　　一方面，对氢能从产到用全过程燃爆风险的防控，要有明确的风险防控方针。

　　氢气生产到使用全过程中，设备系统存在缺陷或出现损伤是氢气泄漏的根本原因。确保设备系统的可靠性是防控氢气燃爆风险的根本措施。氢气在我国炼油、化工、煤化工行业作为原料已被大量使用。随着航天事业的发展，液氢已经成为新一代燃料，围绕氢气安全，从制氢到使用全过程已经形成了相关的标准与法规，积累了丰富的经验。但是氢气作为汽车等交通工具的能源使用，已渗透到了民众的日常生活中。因此从制氢、储存、运输、加氢站到车辆用氢全过程，都给氢气的燃烧和爆炸事故的防控工作带来了新的问题和挑战。当其作为原料使用，必须大规模发展绿电电解水制氢，间隙性随机性绿电、大规模的电解水制氢和氢气储存运输都对安全运行带来了挑战。要将氢作为交通工具的能源使用，则必须提高单位体积的能量密度。氢气的运输、储存到加氢站、燃料电池汽车（FCEV），普遍采用高压氢气系统。国外一般采用70兆帕系统，但我国受限于技术水平，目前基本采用35兆帕系统。现在国内科技界、产业界都在向着70兆帕方向努力。高压瓶是高压系统的主要设备。在氢气运输过程及燃料电池车上，为减少高压瓶的自重，制造氢瓶使用的材料已从金属材料转向高分子材料及其复合材料，对制造工艺及制造过程产生缺陷的检测与评价、服役过程的损伤机制、使用寿命评估预测及完整性、可靠性评估等都面临新的问题。采用高压氢气系统，一是氢气泄漏而引发燃烧或爆炸事故的风险大，二是使用压力超过高压系统中容器、设备的实际承压能力，发生物理爆炸的风险大。一旦发生物理爆炸，氢气大量泄放还可能导致二次爆炸。氢气系统压力越高，风险越大。高压氢气系统中容器、设备、部件在服役过程中的承压能力及系统受外力（碰撞或着火）冲击时的自动应急能力都极为重要。

针对氢能使用过程中安全防控的新问题、新挑战，其安全防控的方针是"预防为主、本质安全、系统管控、防患未然"。

另一方面，对氢能从产到用全过程燃爆风险的防控，要采取有针对性的措施。主要措施如下。

第一，组建氢能安全国家重点实验室。集中国内优势科研力量，加大国家科研投入，建设设施、装备、仪器世界一流的氢能安全国家重点实验室。紧紧围绕氢能使用中有效防控燃爆风险、杜绝重大恶性事故发生的重大需求，凝练有效防控燃爆风险需要解决的科学问题和技术问题，进行顶层设计，明确研究方向与研究课题，统一安排、分工负责、协同配合，系统开展氢能安全科学与工程技术研究。为科学修订、完善并形成达到世界先进水平的氢能安全标准体系，确保氢能系统尤其是高压氢系统各类设施、设备、部件、仪器仪表的完整性、可靠性、可适用性，建成氢能系统燃爆风险数字化智能化防控平台，提供全方面的技术支持。

第二，修订完善国家氢能安全技术标准。尽管我国已经制定了一批与氢能安全有关的技术标准，但这些标准主要参考国外标准及依据参编人员对氢气安全的认识制定，缺少安全技术研究的数据和研究结果的支持，制定标准的指导思想、标准的完整性、先进性存在缺陷和不足，难以支撑氢能的健康发展。要通过氢能使用全过程梳理已经建立的安全技术标准，学习借鉴国外先进标准，根据系统管控的要求，进行氢能安全技术标准体系设计，落实标准修订、完善试验研究工作和具体任务，明确牵头单位，制定时间表，加快氢能安全标准体系建设，使之为我国氢能产业健康发展保驾护航。

第三，建设平台完整、设施先进的专业检测检验机构。明确该机构的资质认定程序，规定氢能系统的容器、设备及其附件、组件、仪器仪表等必须经过该类机构检测检验合格，其质量保证体系必须经过该机构评价合格，产品方能进入市场，企业才能参与用户的招标竞争。评标必须以品质合格为必要条件，严格防止弄虚作假、以次充好。所有氢能设备设施投入使用前，必须提交证明设备设施完整性和可靠性的完整资料，经过各地直接管辖的应急管理部门审核批准，杜绝非标及不合格产品在氢能系统的使用。

国外氢能产业发展现状及趋势

当前，全球的氢气制造有96%来自化石能源，仅有4%来自电解氢或化工、冶金等工业副产氢。全球氢气消费量约1.15亿吨，其中61%用于石油炼制和合成氨生产等，39%用于生产甲醇和其他化学品，交通运输领域的氢气消费量仅数万吨。目前氢能汽车是氢能在交通领域的重要应用方向。截至2021年年底，全球氢燃料电池汽车保有量约5万辆，其中亚洲占72%、北美占25%、欧洲占3%。全球拥有659座加氢站，主要分布在亚洲（占64%）、欧洲（占26%）和北美（占8%）。日本、美国、欧盟、韩国氢能产业发展现状如图9所示。

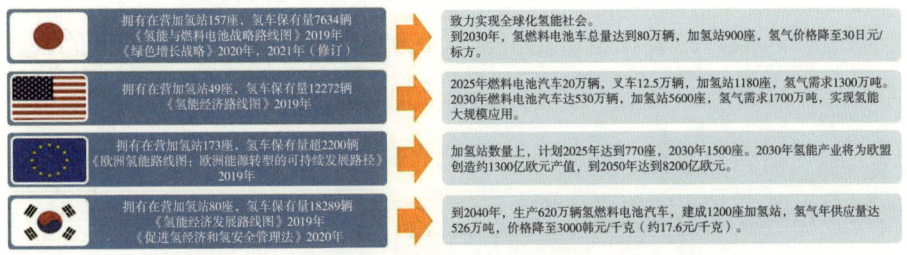

图9　日本、美国、欧盟、韩国氢能产业发展现状

在工业燃料电池发电（GFC）领域，熔融碳酸盐燃料电池（MCFC）发电装置一般在1~2兆瓦，单机最大发电功率为59兆瓦。4.5兆瓦、11兆瓦固体氧化物燃料电池（SOFC）发电机组已经进入商业化运营。在美国，燃料电池被广泛用作大型通信设备、数据中心和家庭的备用电源。日本规划到2030年氢燃料发电装机100万千瓦，发电成本达到17日元/千瓦时（1元/千瓦时）。韩国斗山集团2014年收购了美国Clear Edge燃料电池企业，目前在全球共计安装了超过300兆瓦的磷酸燃料电池发电系统。图10为韩国斗山50兆瓦燃料电池电站。北美传统火力

图 10　韩国斗山 50 兆瓦燃料电池电站

发电站的建造成本与燃料电池发电站已差距不大。

2021 年年初，全球 30 多个国家发布了氢能路线图。据国际氢能理事会预测，预计到 2050 年，在交通运输领域，氢能乘用车将达到 4 亿辆、氢能卡车达到 1500 万～2000 万辆、氢能大巴达到 500 万辆，占各自领域总保有量的 20%～25%。氢能轮船、氢能火车以及由氢合成的航空船运燃油都会占有一定市场份额；在建筑用能领域，氢能将满足 10% 左右的供热需求；在工业领域，30% 的甲醇和 10% 的钢铁生产将采用可再生能源制氢为原料。2050 年，氢能将满足全球 18% 的终端用能需求，氢气和相关设备年销售额达到 2.5 万亿美元，创造约 3000 万个就业岗位。

低碳制氢方式将快速发展，2021 年 5 月 18 日，国际能源署（IEA）发布的《2050 年净零排放：全球能源部门路线图》的报告中指出，预计到 2030 年和 2045 年，电解氢产能分别要达到 850 吉瓦（8.5 亿千瓦）和 3000 吉瓦（30 亿千瓦）。2021 年 11 月 26 日，据 IEA《全球氢能评估报告》统计，过去五年间，全球电解水制氢产能翻了一番，到 2021 年年中达到 300 多兆瓦。目前全球正在开发的电解水制氢项目超过 350 个。

我国氢能产业发展现状及趋势

当前，氢能产业已提升到我国能源发展战略高度。

2014 年，《能源发展战略行动计划（2014—2020）》将氢能与燃料电池技术创新列为 15 项重点任务之一，氢能产业首次被提升到国家能源发展的战略高度。2019 年，政府工作报告中首次加入了氢能相关内容，确定了我国发展氢能产业的基调。2021 年，《中华人民共和国国民经济和社会发展第十四个五年规划和 2035 年远景目标纲要》提出在氢能与储能等前沿科技和产业变革领域，组织实施未来产业孵化与加速计划，谋划布局一批未来产业。2022 年，《氢能产业发展中长期规划（2021—2035）》明确了氢能是未来国家能源体系的重要组成部分，是用能终端实现绿色低碳转型的重要载体，是战略性新兴产业和未来产业重点发展方向。

2021 年国内氢能产业项目投资总金额超过 3100 亿元，同比增长了 94%。2022 年预计投资与 2021 年相当。2021 年 8 月、2022 年 1 月，财政部等五部委先后批准京津冀、上海、广东 3 个城市群，河北省、河南省 2 个城市群为燃料电池汽车示范应用的第一批及第二批示范城市群，13 个省市、40 余座城市跨地域"合纵连横"。2022 年 9 月，氢燃料车保有量 11330 辆。2025 年示范城市群燃料电池汽车推广数量预计超过 3.3 万辆。

绿氢产业链逐步完善，并开始示范和推广应用。在制氢领域，绿氢项目增加，光伏企业纷纷跨界进入氢能产业。在储运领域，加氢站数量增加较快，液氢、管道输氢等大规模输氢技术开始示范。在用氢领域，绿氢炼化、氢冶金等各种用氢技术也开始示范。

目前我国氢能产业快速起步主要呈现出六大特点：一是，政府推动快速起步。全国 30 个省、自治区、直辖市（除西藏自治区、港澳台地区）的"十四五"规划都列入了发展氢能的目标。到 2050 年，预计我国氢燃料电池汽车保有量将达到 3000 万辆，加氢站建设规划超 12000 座。二是，煤炭是制氢主要原料。2019 年国内氢气年产量为 3342 万吨，基本采用煤制氢，成本较低的工业副产氢是当前氢能交通的供应主体。三是，储运分销成本高。加氢站基本采用比世界通用的 70 兆帕气态储氢压力低一半的 35 兆帕气态储氢，单位容积的氢储量低一半。氢气运输基本采用 20 兆帕长管拖车，运量小，储运成本较高。加氢站建设费用高、利用率低、补贴政策不到位，氢气价格高，目前盈利较为困难。四是，民营资本是投资主体。近几年国企在氢能领域投资占比快速上升，2021 年国内氢能产业项目投资总金额超过 3100 亿元，同比增长了 94%。从项目类型看，投资规模最大的为产业园区投资。五是，缺少核心技术和装备。我国在氢能与燃料电池的关键技术研发等方面仍落后于国际先进水平，产品成熟度还难以支撑规模化商业应用，产品核心材料和关键部件依赖进口。六是，法规标准管理制度有待完善。在逐步建立绿色、经济、高效的氢能供应体系过程中，不可避免地会遇到一系列新问题，在氢气运输、储存、使用、管理等环节，具有可操作性的措施有待提出。

预计 2025 年燃料电池汽车保有量将达到 5 万～10 万辆，加氢站将超过 600 座，2035 年将提高到 100 万辆，2050 年实现普及应用。随着技术进步，可再生电力制绿氢及氢气运输成本将逐步下降。

我国氢能产业的发展将呈现下列六方面的趋势：一是，替代柴油车的燃料电池汽车将成为氢能交通的主要场景。与欧美氢能交通主要是乘用车不同，当前中国氢能车辆构成主要以非乘用车为主，特别是氢能巴士和轻型/中型氢能卡车。二是，液氨、液氢、氢气管道运输会得到发展。随着氢能经济规模的不断扩大，我国氢能基础设施建设将逐步完善，包括液氨、液氢、氢气管道运输在内的多种氢能运输形式都将得到快速发展。三是，燃料电池工业发电将得到重视。燃料电池发电应用广泛，在发电效率、环境保护、能量密度、工作噪声、可靠性上都有较大优势。美国、日本及西欧发达国家已有一定应用规模。四是，氢储能会成为主要储能方法。为缓解风电、光伏等新能源电量消纳难题，除常规输电外，将风电转变为氢能，以氢储能方式替代部分直接输电已在国内外初步实践。五是，近期以灰氢为主，中远期向蓝氢、绿氢方向发展。目前我国氢能产业以石化能源制氢或工业副产氢为主要氢源。未来加氢站氢气将从灰氢（化石能源制氢），逐步向蓝氢（化石能源制氢+CCS）/绿氢（可再生能源制氢）过渡。六是，在难以减排领域逐渐开发利用氢能，实现深度减碳目标。氢能将有望在"难以减排领域"如工业原料、高品位热源、船舶、应急保障电源等领域等得到大规模应用，完成这些领域的减碳、脱碳。

据中国氢能源及燃料电池产业创新战略联盟《中国氢能源及燃料电池产业白皮书2020》、中国电动汽车百人会《中国氢能产业发展报告2020》预测（表3），到2050年，氢能消费将占我国能源消费构成的10%以上，氢能产业将成为我国产业结构中的重要构成部分。氢能在工业、交通、储能、建筑、发电等领域将被广泛应用。氢消费量将由目前约3000万吨提升到超过9000万吨。产业产值将超过12万亿元。氢的终端销售价格将降至20元/千克。加氢站数量将超过12000座，氢燃料电池汽车保有量将达到3000万辆。

表3 我国氢能产业规模预测

序号	指标名称	近期（2023年）	中期（2025年）	远期（2050年）
1	氢需求量/万吨	3529	3653	9690
	其中工业/万吨	3522	3642	5769
	交通/万吨	5.2	8	3013
	建筑/万吨	0.8	1.2	435
	发电/万吨	0.8	1.2	446
2	绿氢比例/%	1	3	70
3	氢燃料电池汽车保有量/万辆	1.3	5~10	3000
4	加氢站/座	360	1000	12000
5	产业产值/万亿元	0.6	1	12
6	氢终端销售价格/（元/千克）	50	40	20

创新驱动，夯实我国氢能产业发展技术基础

当前，关键材料与核心技术的低水平制约着我国氢能产业的健康发展。处于市场导入期的燃料电池汽车在我国已呈现快速启动的态势，绿氢炼化（包括炼油、制甲醇、制氨）、氢冶金、煤气化得到的合成气采用 SOFC 工业发电和供热（实现煤炭高效利用）、氢燃料电池轻型列车等各种氢应用场景，均已进入工业示范阶段或在探索研究与开发中。但绿电制氢，氢气储存、运输，加氢站等各类用氢装备，以及制造各种燃料电池的材料、单电池、电堆制造、动力系统总成等，我国与国际先进水平都还存在较大差距。

如在绿电制氢领域，传统碱性电解槽电解水制氢通过催化剂和隔膜的创新使其电解槽生命力明显增强，电耗已向质子交换膜（PEM）电解槽接近，加上其制造成本低的优势，已成为目前电解水制氢的主要选择。但使用的复合材料隔膜性能明显低于进口同类产品。在氢气储存领域，国外压缩氢普遍采用 70 兆帕等级，而我国则受制于材料和制造技术的低水平，目前还不能供应 70 兆帕的 Ⅳ 型储氢瓶与部件，均采用 35 兆帕等级。在氢气加注领域，加氢站用氢气压缩机主要依靠进口，国外有金属隔膜、液压驱动、离子液体氢气压缩机等多种选择。而在我国，加氢计量仪表、加氢枪、加氢过程控制系统、氢气泄漏检测和火焰检测报警系统等则基本要依靠进口。在燃料电池领域，催化剂的载铂量高，电堆用空压机及循环氢泵服役寿命短，动态响应能力低、噪声大，在体积与功耗及效率方面都低于国外产品。国内低温冷启动为 –30℃，耐久性约 5000 小时；而国外则为 –40℃，耐久性约 10000 小时。电堆单位体积功率密度也低于国外产品。

因此，按照产业链布局创新链，在发展中创新，在创新中发展，围

绕近中期需求，着眼长远发展，明确研究方向，凝练重点课题，加强产学研合作，夯实技术基础，是支持我国氢能产业发展的根本措施。

目前，我国在制氢供氢技术方面的主要课题包括大规模、低成本、低电耗电解水制氢技术研究、高体积能量密度的氢气储存运输技术研究、加氢站核心装备关键仪表技术研究。在用氢技术方面的主要课题包括质子交换膜燃料电池（PEMFC）、固体氧化物燃料电池（SOFC）、碱性阴离子交换膜燃料电池（AEMFC）、氢与二氧化碳高效合成各类化工产品技术、氢冶金技术、氢氮合成制氨新技术。在氢能设备与装备标准及安全保障技术研究方面的主要课题包括氢能设施与装备标准完善与提升、氢气使用过程安全保障技术。

结　语

以氢燃料电池交通工具为主，结合氢储能、氢制各种化工产品、氢冶金、氢能电热联供等多种应用场景，积极发展氢能，是我国2030年前实现碳达峰，更是2060年前实现碳中和的重要战略措施之一，是我国能源结构向低碳化转型中的一项重要社会系统工程。

目前氢燃料电池汽车在我国处于市场导入期，氢能产业呈现快速起步的态势，但支持氢能和燃料电池汽车健康发展的关键技术与装备落后于国际先进水平。要按照产业链布局创新链，在发展中创新，在创新中发展，坚持问题导向和需求导向，既立足近中期需求又着眼长远发展，明确研究方向，凝练重点课题，加强产学研合作，不断夯实我国氢能产业发展的技术基础。

互动环节

问题一：我国压缩氢采用 35 兆帕等级，相比国际普遍采用的 70 兆帕等级，数据差距一半，背后真正原因是什么？

答：一是材料方面，Ⅳ型储氢瓶的外壁由高性能碳纤维复合材料构成，其内胆为高分子量聚合物。近几年，我国在碳纤维的研发方面取得很大的成绩，但是在高强度碳纤维规模化稳定生产内胆材料方面，还存在差距。二是制造工艺方面，在进行压力测试时，70 兆帕储氢瓶的瓶嘴阀组如果与瓶身结合不牢，冲出来可打穿 20 毫米厚的钢板，非常危险。目前我国 70 兆帕储氢瓶的制造工艺还未取得突破，因此无论是在材料还是在制造方面，我们都与国外先进水平存在差距。我们正在不断努力追赶中。

问题二：近年来，新能源汽车以锂电池为主。未来，氢能源的发展是否会让锂电汽车成为过渡产品？

答：这是一个未知数。有些做氢能汽车的人希望氢能汽车完全替代动力电池汽车，有些做动力电池汽车的人希望把燃油车完全替代掉。然而，我觉得未来是油、电、氢动力互补共生的时代，并不一定有哪一种动力会彻底被替代。

氢能的一个用途是在工业用氢领域，也是从灰氢走向绿氢的一个必然的过程。工业用氢用量巨大，全世界约用 1 亿多吨氢气，其中 95% 以上都是灰氢。目前欧洲的碳价格在每吨 80 欧元以上，按煤制氢每生产 1 吨氢气排放 20 多吨二氧化碳计算，使用 1 吨氢气要增加上万元的碳税。而绿氢全生命周期二氧化碳排放约 5 吨，意味着工业上使用绿氢具备碳税优势，有很大发展前景。目前中国的碳价格还在 50~80 元波动，但当 2030 年实现碳达峰之后，碳价格会逐渐上涨，工业使用绿氢的优势将更加明显。

氢能的第二个用途是在氢能交通领域。当前，油、电、天然气、氢气四种能源相互竞争，没有办法判断未来将会是什么样，但有几个指标可以考虑：第一，氢气主要特点在于质量热值高，小储存质量可以产生很大的能量，因此未来可能在重型车辆上使用较多。第二，目前，绿氢绝大部分从绿电产生，乘用车用氢与乘用车用电相比要增加一个转换过程，因此竞争力会相对较弱。但是，绿氢并非只有电解水制氢这一条路线，未来，城市垃圾、农林废弃物、各种有机质都可以通过气化方式制氢。这样一来，氢气的成本可能会低于电力成本，这也许是未来小型乘用车的生存逻辑所在。

问题三：未来，氢能源汽车能否成为新能源汽车中的主角？

答：目前，电池容量少于 60 千瓦时、续航低于 400 千米的纯电动乘用车并不被市场所接受，但我认为这是用车文化延续下来的一个错误理念。燃油车油箱为 60 升，加满一箱油可以跑 500 千米。来自燃油车的规范，让大家认为汽车加注一次能源要满足跑 500 千米的需求，否则将不可以被称之为汽车，并把这样的理念也延续到了电动车上。但是电动车充电的基础设施和加油的基础设施在未来一定是不同的。据统计，乘用车一天内行驶的里程一般不超过 150 千米，基本在 100 千米以内。即便是北京、上海这样的大城市，90% 的用户单日行程在 100 千米以内。因此，纯电动汽车负载 15～20 度电，晚上停车时采用慢充方式补足 100 千米的电量，这样的加注方式可以使汽车变得很轻。而剩余 10% 的单日行程超过 100 千米的用户，则可以通过增加增程器、汽油发电机组、燃料电池等方式来解决充电问题。

未来，随着氢能的发展，燃料电池一定会替代现在的油电增程器。数据显示，2010 年我国电动汽车产量为 7000 多辆。2022 年燃料电池车的产量在 4000 辆左右，产销量为 3900 多辆，上牌数累计达到 5000 辆，这一数据与 2010 年电动汽车的数据相差并不多。在"双碳"目标的引导下，氢能产业、氢能的基础设施不断发展建设，燃料电池成本将大幅度下降。因此，燃料电池汽车的发展前景还是比较乐观的。

问题四：氢能源汽车在技术上是否存在续航不足、南北方使用差异等类似缺陷？

答：这些问题可以从技术上根本解决。燃料电池具有两个特点：

一是氢能量密度比电池储能密度高很多；二是氢加注时间比充电时间短很多。因此燃料电池的单位储能比电池要大很多，非常适合重载长途。此外，我国实现了在 −35℃的环境下，燃料电池正常使用的技术突破，可从技术角度彻底解决动力电池在北方的冬天无法充电放电的问题。

问题五：氢能源产业链的短板在哪里？

答：主要在于成本问题，成本的高低决定了用户最终是否接受。其成本分为制造成本和使用成本。制造成本是指在购买这辆车时所需要花费的成本。使用成本是指平时加注氢气所需要花费的成本。

从制造成本来说，2018年起，燃料电池的市场逐步发展起来，大部分电堆、膜电池都是进口的，整个燃料电池系统的成本在20000元/千瓦左右。随着技术的发展，国产零部件不断进行替代，成本逐渐从20000元/千瓦降到10000元/千瓦，又降到了3000元/千瓦。我有信心，整个燃料电池系统的成本预计在2025年可以降低到1000元/千瓦，到2030年可以降低到200元/千瓦。

在使用成本方面，随着氢能源产生的规模化发展，氢气的成本也会逐渐下降。2018年，北京亿华通科技股份有限公司开始在张家口推广燃料电池。2019年，北京亿华通科技股份有限公司在张家口建设当时全世界最大的水电解制氢厂，利用当地风电可再生能源资源禀赋拿到了相对便宜的电价，同时利用电解水制氢。这些氢气再供应给公交车和其他固定式发电、热电联供，整条产业链得到了比较好的运转,每一环都实现了有所收益。但是这仅仅局限于张家口这一区域。把张家口的氢气运送到北京,在北京进行研发测试,氢气的运输成本还可以接受。但一旦要运送到更远的地方,运输成本的问题就开始显现。目前氢气的运输主要是靠20兆帕气态高压管输车运输,到站时,氢气成本是30元/千克,每运输百千米还要再加5元/千克,这个成本就相对比较高了。

所以说,目前来看,运输成本是氢能源产业链比较大的短板。

中国科技会堂论坛第二十二期

人工智能与机器学习：从 ChatGPT 谈起

导读

  2022 年年底，一款名为 ChatGPT 的新型人工智能聊天机器人被 OpenAI 推出，其新一代 GPT-4 也在随后数月内问世。这款机器人不仅能像搜索引擎一样查询各种资料，还可以创作诗歌和剧本、完成论文写作以及编写程序，可流畅理解人类的问题和指令，甚至还能读懂图片。

  这一智能聊天机器人的出现助推了新一轮人工智能大潮，并在公众层面引发全球热议。对于其是否具有自主意识、是否会打破伦理规则、是否会取代人类的讨论层出不穷。与此同时，ChatGPT 将大模型的热度推向高峰，迎来了人工智能发展的拐点，各国竞相布局人工智能产业，一场信息化深度变革正在展开。

  在人工智能产业生态的金字塔结构中，涉及数据、算法、芯片、软硬件平台、市场应用，我们该如何做好顶层设计，进行创新生态布局？在人工智能蓬勃发展的浪潮中，怎样才能抓住机遇，走好中国自己的路径，让我们从 ChatGPT 谈起。

主讲嘉宾

鄂维南

中国科学院院士，北京大学国际机器学习研究中心主任、数学科学学院讲席教授，北京科学智能研究院理事长，北京大数据研究院院长。长期从事机器学习、计算数学、应用数学及其在力学、物理、化学和材料科学等领域的研究与应用工作。2022年世界数学家大会1小时报告人，2022年国际机器学习大会特邀报告人。曾获国际工业与应用数学协会Collatz奖（2003年）、Maxwell奖（2023年）等奖项。

互动嘉宾

刘 聪 科大讯飞副总裁、研究院执行院长，语音及语音信息处理国家工程研究中心副主任。长期从事语音语言和计算机视觉等人工智能核心技术研究。

梁 正 清华大学人工智能治理研究中心主任，中国科学与科技政策研究会常务理事兼秘书长。长期从事科技创新政策、研发全球化、标准与知识产权、新兴技术治理研究。

邰 骋 墨奇科技联合创始人、CEO。长期从事构建非结构化数据的算法和系统研究，研发的无标注高精度图像搜索引擎在生物识别领域得到成功应用。

> 主讲报告

人工智能与机器学习——从 ChatGPT 谈起

主讲嘉宾　鄂维南

2022 年年底，Open AI 推出了新型人工智能聊天机器人 ChatGPT，它可以像搜索引擎一样查询各种资料，可以创作剧本、论文、诗歌，编写程序，还能流畅理解人类的问题和指令。在 ChatGPT 风靡全球数月后，OpenAI 发布了大型多模态模型 GPT-4，其不仅能与用户一起生成、编辑、完成创意迭代和技术协作任务，它还有读懂图片的能力。

GPT-4 可以读懂图 1 中插在手机上的插头是错误的。在 SAT、GRE 等考试中，GPT-4 也取得良好的成绩（图 2）：在美国律师资格考试中击败了 90% 以上的人类；在北京大学的线性代数考试中，GPT-4 可以

图 1　GPT-4 "读懂" 这张照片
（来源：https://openai.com/gpt-4）

Simulated exams	GPT-4 estimated percentile	GPT-4 (no vision) estimated percentile	GPT-3.5 estimated percentile
Uniform Bar Exam (MBE+MEE+MPT)[1]	298 / 400 ~90th	298 / 400 ~90th	213 / 400 ~10th
LSAT	163 ~88th	161 ~83rd	149 ~40th
SAT Evidence-Based Reading & Writing	710 / 800 ~93rd	710 / 800 ~93rd	670 / 800 ~87th
SAT Math	700 / 800 ~89th	690 / 800 ~89th	590 / 800 ~70th
Graduate Record Examination (GRE) Quantitative	163 / 170 ~80th	157 / 170 ~62nd	147 / 170 ~25th
Graduate Record Examination (GRE) Verbal	169 / 170 ~99th	165 / 170 ~96th	154 / 170 ~63rd
Graduate Record Examination (GRE) Writing	4 / 6 ~54th	4 / 6 ~54th	4 / 6 ~54th
USABO Semifinal Exam 2020	87 / 150 99th - 100th	87 / 150 99th - 100th	43 / 150 31st - 33rd
USNCO Local Section Exam 2022	36 / 60	38 / 60	24 / 60
Medical Knowledge Self-Assessment Program	75 %	75 %	53 %
Codeforces Rating	392 below 5th	392 below 5th	260 below 5th
AP Art History	5 86th - 100th	5 86th - 100th	5 86th - 100th
AP Biology	5 85th - 100th	5 85th - 100th	4 62nd - 85th
AP Calculus BC	4 43rd - 59th	4 43rd - 59th	1 0th - 7th

图 2　GPT-4 在各类考试中的成绩表
（来源：https://openai.com/gpt-4）

取得 68 分的成绩，而该校学生平均分为 70 分。也就是说，仅凭考试能力来说，GPT 超越大学生指日可待。

令人震惊的是，GPT-4 还可以高水平地完成物理题目（图 3）。GPT-4 不仅可以将解题所需的热传导方程完整写出，还会将正确的边界

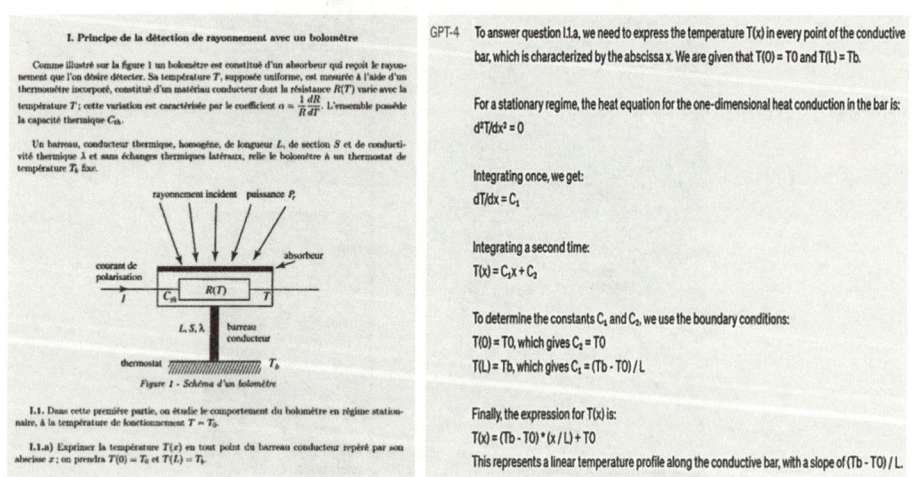

图 3　GPT-4 还可以高水平求解物理问题
（来源：https://openai.com/gpt-4）

条件代入，并正确计算出题目所要求的温度分布。

GPT 的表现，让我们意识到通用人工智能也许并非如人们过去想象的那般难以实现。在 ChatGPT 出现之前，机器学习和人工智能基本上都是针对某一特定任务，追求数据上的泛化性。而 ChatGPT 追求的是在任务上的泛化性，用大量的数据、模型、算力，初步实现通用人工智能，即在学习几个任务之后，进而获得解决其他类似任务的能力。

以 GPT 为代表的大模型的出现意味着真正意义上智能化时代的开始，如同蒸汽机的出现意味着机械化时代开始一样，其所产生的影响力是巨大的。一方面，一些"白领"的工作将被部分或全部取代。如在教育领域，与一般的老师甚至行业专家相比，大模型的知识面会更为广阔，教学效果更为良好。另一方面，以大模型为代表的人工智能工具所引起的智能化转型将为社会的运转形式带来深层次改变。如同工业化带来了分工、市场经济、贸易、国际规则、资本，甚至带来了关于政府和社会形态的讨论等，智能化也将在底层彻底改变社会的运转形式。

虽然多年前国内已有关于人工智能的布局，但从今天 GPT 的表现来看，国内在通用人工智能基础能力方面与国外差距依然较为明显。尤其是当 GPT3 被推出之后，国内不少机构与企业进行密切布局，动用大量资金，消耗了大量算力，却都并没能做出甚至预计出像 ChatGPT 这样的人工智能模型。所以我们不得不问，为什么原始创新并非来自中国？当 ChatGPT 打开了一个全新的智能化时代时，中国应当如何布局以对更大的空间进行探索和利用？要回答这些问题，我们必须从人工智能的底层逻辑开始进行讨论。

人工智能的底层逻辑分三方面：科学逻辑、商业逻辑和社会逻辑。在这里我们不讨论社会逻辑。在讨论科学逻辑和商业逻辑之前，我们先简单回顾一下深度学习技术。

深度学习

包括 ChatGPT、GPT-3、GPT-4 在内的这一代人工智能，其底层技术都是深度学习，即对大量数据进行学习，借助神经网络模型总结其中的规律，形成模型以进行类似的处理。近年来，人工智能在计算机视觉（如图像识别）、决策控制（如 AlphaGo）、蛋白质结构解析（AlphaFold）领域中所取得的成功，都依赖于此。

早在几十年前，深度学习的主要技术、模型、算法都已存在，但并没有取得较为明显的应用效果。直到 2012 年，加拿大认知心理学家和计算机科学家杰弗里·辛顿带领其团队提出神经网络 AlexNet，将其在 GPU 和 ImageNET 数据集上训练，在图像识别任务上取得了惊人的效果，误差直接下降 10%，并与第二名拉开较大差距（图 4）。这是深度学习和大模型的潜在能力第一次被良好发挥。

在此之后，许多基于深度学习的基本工具随之产生，包括算法、算力、数据、模型（如 ResNet、Transformer、GAN 等）、平台（TensorFlow、PyTorch、JAX）等。在这些基本工具问世之前，要想训练好一个深度学

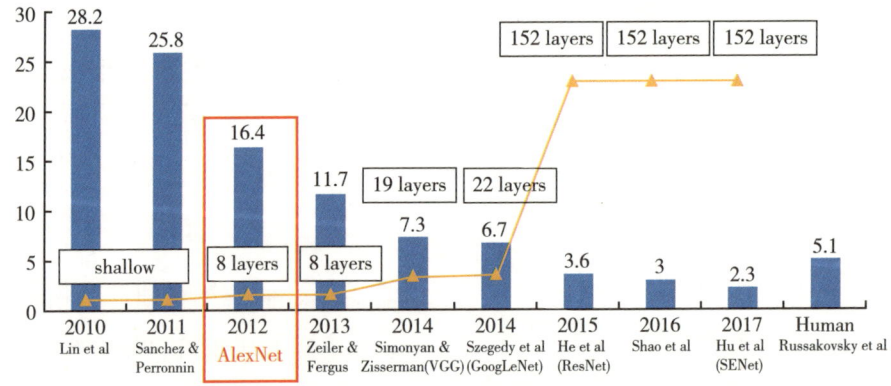

图 4 AlexNet 在 2012 年 ImageNET 图像分类竞赛中取得良好效果

习模型，难度非常之高。现在，借助这些工具，即便一位大学三年级的学生，仅需半天时间便可写出一个深度学习的程序。此外，这些基本工具还建立起了相对完整的生态，加上来自应用的驱动力和大数据浪潮的铺垫，如广告、语音、人脸识别、机器翻译、自动驾驶、机器人等，深度学习的门槛被大大降低。创新的驱动力加上商业落地的驱动力，二者形成合力，推动深度学习蓬勃发展起来。

人工智能的科学逻辑和商业逻辑

先谈谈商业逻辑。尽管当下大模型非常火爆，但人工智能企业普遍并不盈利。就在一年多前人工智能企业还普遍面临多方面的困境。首先，门槛高。人工智能的发展需要借助大量的数据、算力和人力。它依赖高质量的标注数据和极高的人工成本——需要高薪聘请高水平人才。大模型的浪潮把这个门槛又提高了一个档次：只有具备良好算力资源的机构才有可能跻身到大模型的竞争中去。其次，人工智能的发展并非刚需。人工智能虽然能给人们生活带来诸多便捷，但往往只能起到锦上添花而非雪中送炭的作用。最后，人工智能系统的应用成本高，难以维护，极易出现数据孤岛、模型孤岛等问题。比方说许多地方政府都为智慧城市建设花费了大量资金，但效果往往不尽如人意，无法真正解决城市的核心问题。这些困难都使得人工智能的商业模式难以成功落地。

再谈谈科学逻辑。深度学习最重要的工具是神经网络。从数学角度来讲，虽然我们在微积分里面就学过一般函数可以用多项式逼近。但从实际效率的角度来看，这种方法只能处理较少变量的函数。而当面对100个、1000个、10000个变量时，计算复杂度呈指数增长，这些数学模型就无法解决问题。神经网络则提供了处理多个变量函数的有效工具。这是深度学习之所以如此有效的基本原因。

但是，深度学习也并非是十全十美的，它依然存在许多问题。

第一，深度学习模型的可解释性较差。如谷歌的深度学习模型可对26种皮肤状况实现准确的鉴别诊断——与美国具备资格认证的皮肤科医生具有同等水平。但是它只能提供诊断结果，无法出具推理逻辑。虽然提供了高诊断精度，但不具备可解释性。这严重影响医生和患者使用的信心，制约着实际应用发展。

第二，深度学习的可靠性较差。下面这个例子告诉我们一个深度学习模型经常碰到的问题。在识别猴子图片时（图5），如猴子面前没有遮挡物，模型可以成功将其识别为猴子。但是当猴子前面有摩托、自行车、吉他等遮挡物时，模型则会将其误认为人类。因为这类问题，当把深度学习模型用于自动驾驶场景的时候，就可能出现将大货车识别为天空的情况（图6），带来令人难以接受的巨大失误。

第三，深度学习有效但效率低下，需要消耗大量数据和大量计算资源。GPT-3用了45太字节（TB）的数据。GPT-3刚刚问世的时候，每

图5 把猴子误认为人类

图6 把大货车误认为天空

训练一次，费用高达 1200 万美元。

下一代人工智能方法的框架

针对人工智能成本高、不好用的问题，2022 年 6 月 6 日，国家自然科学基金委员会发布《可解释、可通用的下一代人工智能方法》重大研究计划，面向以深度学习为代表的人工智能方法鲁棒性差、可解释性差、对数据的依赖性强等问题，挖掘机器学习的基本原理，发展下一代人工智能方法，并推动人工智能方法在科学领域的创新应用。这一计划涉及多方面，包括数据、算法、平台、系统、应用、生态等。其中最难的部分在于生态构建。

在数据层面，当前我们面临的核心困难在于提升非结构化数据的处理能力。非结构化数据，我们可以将其理解为"非表格数据"，如文本、图像、视频、语音等。人工智能门槛较高的主要原因之一正是它需要处理大量非结构化数据。当我们具备效率较高的非结构化数据处理能力时，人工智能门槛则会大大降低，算法成本也会大大降低。AI 数据库则可以帮助我们实现这一功能。

在 AI 数据库出现以前，人们都是基于原始数据直接开发人工智能模型。AI 数据库则可以在人工智能与原始数据之间充当一个中间件的作用。AI 数据库对原始数据进行抽象处理之后，再为 AI 模型提供数据支持，包括支持 AI 所需要的复杂查询（如 SQL 预压扩展、近似和精确查询等）、支持 AI 工作负载、开展 Data Programming 和小样本学习等。例如，当我们需要在椅子数据库中搜索一把与给定图片相似的椅子时，在不使用 ChatGPT 的情况下，我们只需借用 AI 数据库，就可以用简单的搜索语言查询到结果。再如，在所有的视频素材中，用简单语言搜索"落日时的云彩"，AI 数据库也可以进行高效率、高精度搜索。在某种程度上，这种方案使用很小的成本就可以实现多模态查询。AI 数据库极大地增加了我们处理非结构化数据的能力。

大模型的出现，给 AI 数据库带来了新的生机。短短几个月来，大模型加 AI 数据库的模式已经成为企业级、行业级人工智能系统的首选模式。

在算法层面，人工智能的基本算法分为两大类，一类是基于规则的方法，另一类是基于学习的方法。

基于规则的算法包括专家系统［如深蓝（Deep Blue）、IBM 沃森（Watson）等］、符号演算、逻辑推理等。1997 年，IBM 的人工智能国际象棋引擎 Deep Blue 以 3.5∶2.5 的成绩击败了当时的国际象棋世界冠军加里·卡斯帕罗夫。Deep Blue 所采取的就是基于规则的方法。深度思考（Deep Mind）创始人戴密斯·哈萨比斯也正是由此而产生让机器在围棋上战胜人类的想法。然而，围棋远比国际象棋要更为复杂，会出现所谓"组合爆炸"的问题。其实不仅对围棋是这样，一般来说，对复杂问题而言，基于规则的方法存在很大的局限性。

基于学习的方法，即基于数据、经验的方法，包括机器学习、深度学习、强化学习等。AlphaGo 所采用的方法即是强化学习，不仅学习人类已有的棋谱，还通过建立模拟、自己与自己下棋的方式，学会了人类所不知道的东西。也就是说，机器学习可以通过模拟的办法产生新的数据和更好的策略。

如果将所有的人工智能方法都放置在同一张表中，横轴为模型可解释性，纵轴为模型预测准确率，我们可以得出如图 7 所示的示意图。神经网络处在"准确率"的极端，基于规则的方法则处在"可解释性"的极端。

我们一直致力于寻找的，正是一种既具有良好解释性，又能够面对

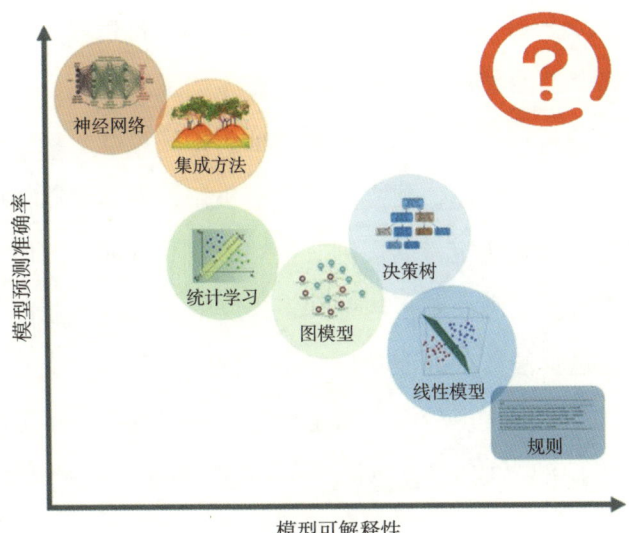

图 7 人工智能方法比较示意图

较为复杂系统,并同时具有高准确度的方法。最简单的思路是把基于学习的方法和基于规则的方法有效结合在一起(图 8),这正是自然科学基金委员会所推进的下一代人工智能重大研究计划的框架:一方面,把规则和知识工程做到极致;另一方面,将机器学习、自进化学习做到极致,充分发挥高精度的优势。

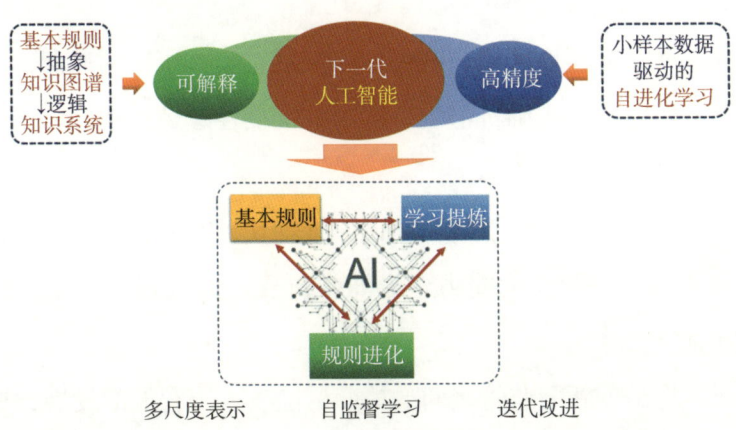

图 8 把基于学习的方法和基于规则的方法有效结合起来

在指纹识别领域，这一技术目前已经实现。将指纹看作是由像素组成的图片，其具有自然的多尺度结构：像素为最小尺度，整个图片则为最大尺度，那些特殊点和特殊方向等特征为中间尺度。这一技术基于算法规则，融合多尺度信息，建立迭代改进机制，即基于以特征点、特征方向为出发点，以算法定义的规则，使用像素、特征、图像等从低水平到高水平的多尺度信息，基于规则和多尺度信息进行自监督学习，增强特征，持续改进算法，最终成功建立了我国公安部指纹中心——唯一能够在几十亿指纹库上实现秒级高精度搜索的指纹系统。甚至即便所采集到的指纹是模糊的、变形的、残缺的，在数据库中依然可以得到秒级回复。

这样一个方法原则上在其他领域也同样适用，其技术框架对语音、图像、视频，甚至是网页这样的复杂结构也同样具有适用性，这也是我们推进这项重大研究计划的信心所在。

结束语

人工智能方法将会给社会和技术带来深刻变革，我们应该如何应对？

首先，从布局角度来说，我们应当发展"官方版"的通用人工智能基础模型，用以代表正确价值观，同时在准确性、逻辑推理、实时性以及成本方面进行提升。

其次，我们要加强创新能力建设，推动长远布局，而非紧跟他人脚步。基础通用人工智能的能力建设非常重要，这将直接关系到国家命运、国际竞争力。

未来，将是创新与监管之间的博弈。随着人工智能的发展，监管的难度也将提升，因此监管也成为高技术含量的工作。不能采取一刀切的办法，而是既要保证人工智能朝着有利于社会的方向发展，又要最大限度地鼓励创新。这就需要在监管文化和监管思维上做创新。

无论如何，创新文化建设是我们立于浪潮之巅的基础。我们作为创新群体，必须具备高度的社会责任感，兼具冒险精神和实干精神，把握底层思维。政府方面应当建立起理性的资源分配和政策制定体系，充分发挥市场引导作用，积极营造良好的创新环境。

互动环节

问题一：很多人担心 ChatGPT 会取代自己，这种担忧有必要吗？

观点一：回顾历史，工业革命使机器取代了大量工人，出于对未知事物的恐惧，当时的工人砸坏机器，这与今天 ChatGPT 出现给人们带来的恐慌如出一辙。与之前机器代替人类完成繁重劳动所不同，这次，人们所担心的则是自己被机器全面取代。

但事实上，ChatGPT 对于人类智力活动的取代可能只是冰山一角。过去，我们被束缚于这些基础的劳动之中，效率低下，人的创造性部分并不能充分发挥出来。而 ChatGPT 这样的人工智能的出现，其初衷也并非是取代人类，而是解放人类。

观点二：人类并非是全知全能的。人类对于世界的认识，很大程度是借助于工具来完成，如天文望远镜、显微镜、大科学设施等。人与工具之间并非是谁替代谁的关系。ChatGPT 的出现，是为人类提供了一种更为强有力的工具，以帮助人类发挥自己的优势。在未来，这一点不会有根本性的改变。

问题二：随着 ChatGPT 演进发展，是否会出现"自我意识"与"智能"？

观点一：马斯克曾经提出过一个观点，他认为，人作为"碳基生命"唯一的贡献是生成一段程序，以作为未来"硅基生命"的引子。但个人非常反对这一观点，因为 ChatGPT 的背后，最基本的东西来源于数据，随后是基于人类反馈的强化学习。数据之中会包含着人类的意识形态，最后也会基于人类反馈进行调整，因此 ChatGPT 根本的来源还是人类。在对人类大脑的运作机理取得研究突破前，人工智能不可能会有"意识"存在，更不会有所谓的"自我觉醒"。

观点二："智能"本身的机理是什么，我们可以用飞行来进行类比。

过去，人类想要学会飞行，就像如今人类想要理解智能一样。过去，大家通过观察鸟类如何飞行，进而通过仿生学来模仿制作出翅膀。或者是根据空气动力学的思路，理解了欧拉方程，进而制造出飞机。飞机与鸟完全不同，但飞机却比鸟飞得更快更高。

如今，智能也是一样。我们可以将人脑的机理理解为鸟类飞行。我们是否需要完全仿造人脑做智能机器？也未必。从工程和技术的视角来看，我们也许可以找到关于智能本身的方程和机理，进而制造出类似于比鸟类飞得更快的智能机器。而这样的可能性，正是我们所关心的问题，也是我们持续探索的目标。这一问题的答案，在过去几千年内，人类都没有想明白，但并不影响人工智能是一直向前发展的。ChatGPT 的出现拓展了人类的智力边界，就像蒸汽机使得 50 千克的人与 100 千克的人在体力上几乎没有差别。在未来，智商 80 的人可能也将与智商 180 的人没有分别。这也是我们未来想要发展的方向，一步一步扩大我们借助人工智能可以完成的任务范围。

观点三："智能"并非只有人类才有。国外在提到人工智能时，更愿意采用"机器智能"的说法。但人类的智能与机器的智能，可能是两类不同的智能。

在人类进化的过程中，人类的智能并非只有个体智能，还有群体智能。也就是说，人类的进化并非是一个个体进化的结果，而是群体进化的结果。语言的出现，是人类群体合作的结果。语言体现了人类对于客观世界的结构化反映，也是人类主观想象的反映。但是，ChatGPT 关于客观世界的知识全部是人类输入的，否则，它并不能感知客观世界。ChatGPT 在语言层次的突破，并不能认为是对人类智能的全部掌握。

问题三：中国在人工智能领域要达到预期效果，需要跨越哪些技术鸿沟？

答：以 ChatGPT 为例，从客观上来讲，并非是算法有多么先进，而是真正实现了从第一步预训练，到第二步有监督微调（SFT），再到第三步基于人类反馈的强化学习。

当我们对标 ChatGPT 做一个新的人工智能时，意味着我们的目标是制造具备以下特点的人工智能：第一，它应当是一个通用型人工智能,即可解决大部分任务,包括文本生成、数字计算、问答等;第二,它应当具备多轮检索能力。

当目标明确之后,第一,解决算法的问题。虽然目前在人工智能领域存在大量的论文,但要复现一个产品还需要论文中所没有的大量经验;第二,解决算力的问题。国产芯片的性能、如何实现并行架构的算力加速,都是所要面对的问题;第三,解决数据的问题。如何推动系统化设计、人工如何介入和标记数据、如何缩短响应时间、如何降低成本等,都需要系统性的解决方案。

问题四:布局人工智能的发展,中国应当如何发挥优势,弥补短板?

答:一方面,人工智能基础研究的突破,并非一朝一夕,而是一个长期积累的结果。2017 年,国务院印发《新一代人工智能发展规划》;2019 年,科学技术部成立新一代人工智能治理专业委员会;2023 年,科学技术部启动"人工智能驱动的科学研究"专项部署工作。我国一直都在持之以恒地为人工智能的发展而努力。

另一方面,我们应当考虑充分发挥政产学研各方的作用,既要在基础方面进行深耕,又要在产业领域基于问题进行真正的创新,而不是跟随。这需要整个体系、环境、资源之间相互匹配,不仅仅是在产业带动层面,更重要的是应当在国家层面布局,支持企业发展创新文化。

版权声明

根据《中华人民共和国著作权法》的有关规定，特发布如下声明。

1.本出版物刊登的所有内容（包括但不限于文字、版式设计等），未经版权所有者书面授权，任何单位和个人不得以任何形式或任何手段使用。

2.本出版物在编写过程中引用了相关资料与网络资源，在此向原著作权人表示衷心的感谢！由于诸多因素没能一一联系到原作者，如涉及版权等问题，恳请相关权利人及时与我们联系，以便支付稿酬（联系电话：010-63581961）。